牛肉诱惑

日本名店人气烤牛肉秘笈

日本旭屋出版　主编

赵宇　译

中国轻工业出版社

目录

味的变奏曲
烤牛肉蘸酱 / 134
"雷桑思（レサンス）" 店长兼主厨 渡边健善

本书使用说明

本书所介绍的材料和做法都来自于各家餐厅的菜谱。

在一些菜的做法中，当出现"适量"字样时，要根据具体情况调整调味料的使用量。

做法中的加热时间、加热温度等有时是根据各餐厅使用的烹饪工具而定。

书中所标的料理的价格是各店在 2016 年 5 月的日元售价，现售价可能会因物价等原因变动。另外，根据各餐厅的实际情况，可能出现料理的供应时期受限，或者并非日常供应的料理。具体情况请在各餐厅确认。

从 140 页开始介绍的各餐厅的营业时间、休息时间等数据是 2016 年 5 月的数据。

书中所介绍的料理在各餐厅实际供应时间，餐盘、摆盘、配菜可能会有所变化。

用传统烹饪技术制作的

"东京会馆"
烤牛肉

常务董事 行政总厨
外山永雄

东京会馆于 1922 年（大正 11 年）开业。一直以来它高格调的宴会场所和法国料理招待着众多外国贵宾。洋酒蒸牛舌鱼、法式简单炖鱼、包烤菲力牛肉鹅肝派、艾伯特王子城风味菜等是此餐厅的主打菜，烤牛肉也是赫赫有名的特色菜之一。

烤牛肉是一款比较有代表性的牛肉料理。它不仅会出现在平常菜单中，在宴会菜单里也是人气超群、魅力十足。在宾客面前分切烤牛肉就像是进行一场演出，牛肉的鲜嫩多汁、丰盛之感可以直接感染在场的每一位客人。

烤牛肉所用部位是肋眼肉。本店的独家技术是将一大块牛肉经过一段时间烤炙成切面泛红的半熟牛肉。近年来，蒸汽烤箱被广泛使用，可以将肉加热到设定好的温度。东京会馆的烤牛肉是用普通的烤箱烤的，而且，东京会馆的烤箱无法调节温度。所以，烤牛肉时需要观察牛肉的状态，根据肉质和肉块的大小来调节烤炙的温度、时间和静置时长。这需要丰富的烹饪经验才能实现。此外，为了达到最佳的效果，烤之前对牛肉的处理步骤也很关键。

与烤牛肉所搭配的酱汁，主料就是牛肉碎，不使用任何蔬菜，再配上切好的辣根，经过 1 周时间，就能熬出清亮的肉酱汁。另外，辣根也需要费一番心思做准备。

为了凸显传统风格，他们选用了约克夏布丁作为搭配。东京会馆一般采用五六种蔬菜或香草。这份菜单在尊重传统做法的同时考虑到了顾客挑剔的口味和健康意识。

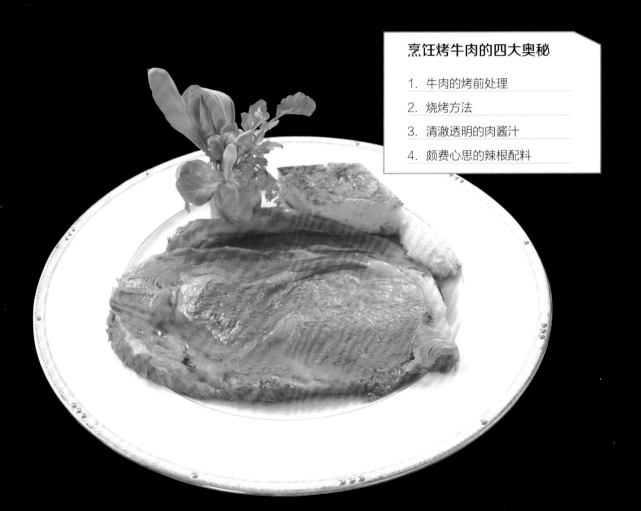

烹饪烤牛肉的四大奥秘

1. 牛肉的烤前处理
2. 烧烤方法
3. 清澈透明的肉酱汁
4. 颇费心思的辣根配料

牛肋眼肉的烤前处理

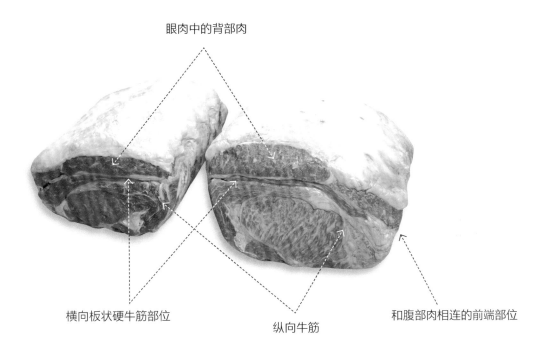

眼肉中的背部肉

横向板状硬牛筋部位

纵向牛筋

和腹部肉相连的前端部位

根据料理的用途来决定牛肉的大小

　　刚切好的一大块肋眼肉不要直接烤，要先在冰箱中进行五六天的熟成。烤之前取出，使肉的温度恢复至室温。肉的内芯很凉是不能直接烤炙的。当然，在常温中放置的时间在夏季和冬季也会有所不同。

　　眼肉上部有一层脂肪和肉筋。用作即时食用料理时，如果连同这部分一起烤，肉块会因为体积太大而超出盘子。而且，要剔除下面的硬肉筋后再烤。在食客面前切肉的时候脂肪容易滑动，导致切肉效果不佳。因此，做即时食用料理时会将表面附着的脂肪也切掉用作其他料理。而去除硬肉筋也是很重要的一个步骤。

　　如果是用作宴会料理，因为肋眼肉的侧面纹理非常好看，所以不切除脂肪和肉筋，连同它一起烤。如果是将肋眼肉切成薄片后再继续切割的话，也可不用切除脂肪和肉筋。

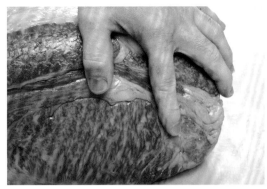

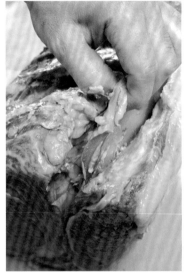

①

以从肋眼肉切面能看见的纵向牛筋为分界，根据用途来决定肉块大小，并切掉前端部分。大致估测，即时食用料理从纵向牛筋前一指的位置开始切，宴会餐需要稍大一些的肉块，所以从牛筋前两指的位置开始切。

取出中间的硬肉筋

③

肋眼肉和脂肪的中间有一层硬肉筋，要用刀将其剔除。做宴会料理可以保留脂肪，做即时食用料理则要去掉脂肪。

②

估算好所需牛肉块的大小后，从表面的牛脂开始切掉牛肉的前端，用来做肉酱汁。

烤牛肉的烹饪过程

材料

处理好的肋眼肉
粗盐 适量
胡椒粉 适量

这里介绍不需要蔬菜垫底的
"东京会馆"派烧烤法。因为
要烤一大块肋眼肉，所以为了
使肉受热均匀，保证肉片厚度
的均匀也是关键。

放上切掉的肉片使厚度均匀

①

形状方正的肋眼肉厚度不一。将切掉的肉片放在肉块
薄的部位使肉块厚度均匀。这样整体受热才能一致。

②

为了防止肉块变形，要用绳子将肉从一端开始捆绑起
来。由于肉块在受热后肉会缩水，所以一定要用绳子
将肉捆绑结实。即使在去掉脂肪的情况下，也要将切
掉的脂肪捆绑进去，这样才能将肉块烤至最佳状态。

③

在捆好的肉块上撒上粗盐和胡椒粉，用手涂抹均匀。将脂肪朝上放入烤盘。先将烤箱预热至 230℃，烤 30 分钟后，再调至 120℃烤 2.5 小时。30 分钟后在烤盘里倒入 50mL 水，这样肉就不会变得干巴巴的。

烤好后用测温签查看状况并静置

④

即使烤箱设定的时间到了也并不代表牛肉完全烤好了，要将测温签插入肉块，用下嘴唇触碰测温签做最后的判断。将测温签浸入水中冷却，然后再插入肉的内部。拔出后用下嘴唇估测触碰到肉芯处的扦子的温度。考虑到将肉从烤箱中拿出后也是在比较温暖的环境中放置 1 小时，这段时间肉从烤箱中带出的余温仍未散去，需静置冷却，直到肉汁浸满整块肉，肉质变得松软后再判断是否需要继续烤。

⑤

将静置好的肉块放在砧板上，去掉细绳使肉块成形。浸满肉汁的细绳要留下来，在做肉酱汁时会用到。

⑥

去掉肉块上层的脂肪，如果是用作即时食用料理，在这个阶段就要把脂肪去掉。宴会料理为了呈现出"大餐"之相，所以要保留脂肪。

7

切除两端烤焦的部分和脂肪后，放在切烤牛肉专用的砧板上。

8

根据点单情况将牛肉切成薄片装盘。一人份的烤牛肉（2片）是东京会馆的招牌菜。

肉酱汁

材料

烤牛肉时渗入烤盘中的肉汁
烤牛肉两端的边角肉
从肋眼肉上剔除的牛筋、脂肪
烤牛肉时用到的细绳
热水　适量
盐　适量
胡椒　适量

肉酱汁是烤牛肉蘸料中的标配。东京会馆不使用蔬菜，只用烤牛肉时烤盘中剩下的肉汁、切除的牛筋、牛肉碎和脂肪，熬制成酱料。若要熬制出具有透明感的上乘肉酱汁，还需要费一番工夫。

① 将烤牛肉两端的边角肉炒出多余的油分。炒好后放入小锅中，倒入热水。

② 在烤牛肉用的烤盘里注入热水、开火加热。用木铲刮掉黏在烤盘上的肉渣。因为烤牛肉用到的细绳也浸满了肉汁，所以也可放进去一起熬。

③

熬好后，把绳子挑出，将油水都倒入步骤①的小锅中。继续开火煮沸，如果火太大，汤汁会变浑浊，所以要控制火候。一天之后，待肉香全部散发出来用滤网过滤，将表面浮着的油脂捞干净，放入冰箱。

④

次日的工序。将从肋眼肉上剔除的牛筋和脂肪放在炒锅中大火翻炒使其上色。放入步骤3中的小锅里继续熬。待肉的油水都熬出来后用滤网撇去表面浮沫，放入冰箱保存。第三天重复同样的步骤。本步骤要重复1周的时间。每次熬制时都要注意火候，防止将汤汁熬得浑浊。

多放点儿盐提味

⑤

下图是将牛肉和牛筋炒后熬制汤汁并重复1周后的成果。如图所示，汤汁冷却、凝固后呈明胶状，牛肉的油水凝缩成了具有透明感的酱汁，再加入盐和胡椒粉调味即可。虽然肋眼肉是撒盐后再烤的，但是盐并不能渗入整块牛肉的内部。尝肉酱汁味道的时候，可以稍微多放点儿盐，这样在蘸酱汁食用烤牛肉时味道才会恰到好处。

辣根配料

做法并非将辣根磨碎后放入盘中，而是为了和烤牛肉更好地搭配，稍费工夫地进行准备。

将辣根大致切开，放在砧板上铺开，加入少许醋和白砂糖，再用刀边切碎边混合均匀。这样可以减少辣根的辛辣味，同时又可以突出烤牛肉的香味，吃起来也不会感觉油腻。

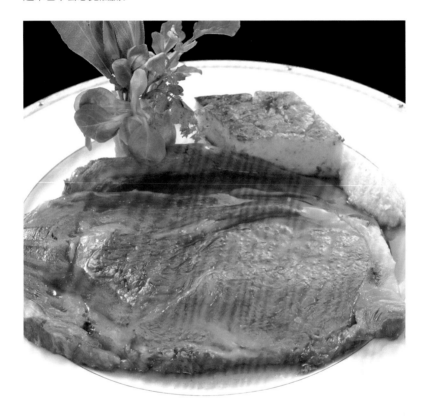

"东京会馆"的烤牛肉可在这里品尝

东京会馆大饭店 ROSSINI

地址：东京千代田区内幸町 2-2-2 富国生命大厦 1 楼

电话：03-3215-2123

营业时间：11:00—22:00（点单时间截止至 21:30）

休息日：周六日和节假日

http://www.kaikan.co.jp/branch/fukoku/restaurant/
rossini_index.html

人气餐厅的烤牛肉
和烤牛肉料理

本书所介绍的烤牛肉加热方法整理图

烤箱

| 煎锅 | ⇢ | 烤箱 |

熏制	⇢	烤箱
		蒸汽烤箱（热风模式）
煎锅	⇢	蒸汽烤箱（热风模式）
		真空包装 + 蒸汽烤箱（热风模式）	⇢	煎锅
煎锅	⇢	真空包装 + 蒸汽烤箱（热风模式）
		真空包装 + 熬制	⇢	煎锅	⇢	烤箱
煎锅	⇢	真空包装 + 熬制

真空包装 + 水浴加热	⇢	煎锅
真空包装 + 水浴加热	⇢	稻草烧
煮沸	⇢	煎锅
油煮	⇢	煎锅
铁板

馋嘴山中　烤牛肉
くいしんぼー山中

山中康司（店长兼主厨）
YASUSHII YAMANAKA

1949 年生于京都。在滋贺县八日市的牛排屋（steak house）积累了两年半经验后，于 1979 年开始创业。自此之后的 40 年以"宣扬真材之味"为理念，坚持使用经过 30 个月肥育、未生产过的 8 个月大的子牛为原材料烹饪牛肉料理，更获得了"全国美食家"的称赞。

"高温烤炙，每隔 4 分钟翻面 1 次，用古典技法烹饪的正统派烤牛肉"

"牛肉的品质决定了烤牛肉的口感。"下结论的山中师傅是研究近江牛 40 年的老厨师。从自己信赖的畜牧农家购入牛肉，放进点火式的大型燃气烤箱中，调至 300℃来烤。由于是用高温来烤，所以要想烤出诱人的肉块，必须用 1kg 以上的肉块。将蔬菜丁和近江牛肉一起烤，每过 4 分钟就将流出的汁浇在牛肉上防止肉的口感变干。将测温签插入肉块中数秒，再用嘴唇估测烤的程度。"这是过去常使用的方法，但现在已经难得一见了。"在烤好的牛肉上淋色泽明亮的红豆色肉汁，惹人垂涎。

凝缩了肉汁的酱料也得到了山中这样的评价"只有这样的肉才能搭配这样的酱汁"。一流的食材在一流厨师的精湛技术下重获生命，成为宝石级的珍品佳肴。

烤牛肉信息

价格： 1kg 50000 日元～（不含税，需预订）
牛肉： 近江牛里脊肉
加热方法： 用煎锅加热后放入烤箱烤
酱汁： 肉酱汁

红豆色的切面是近江牛肉的特征

烤牛肉

材料

近江牛里脊肉　约2kg（图片上为1880g）

盐　40g

白胡椒粉　适量

蔬菜丁（胡萝卜、芹菜、洋葱、莳萝、欧芹的茎）可以铺满烤盘的量

大蒜（切片）3~4片

月桂叶　5~6片

牛油　1~2汤匙

成品（1盘份）

烤牛肉　1片

蚕豆、荷兰豆、油菜花　各2个

豆瓣菜　1根

辣根（擦碎后和柠檬汁混合）适量

肉酱汁（P23）适量

用盐和白胡椒粉涂满整块牛肉

1

将恢复到常温的近江牛里脊肉用绳子系好。

注意

使用的是8个月大的但马牛（日本但马国地区出产的具代表性的和牛，是松阪牛、近江牛等品牌牛的原牛），经过铃鹿山的泉水养殖30个月，并且未生产过。自然的雪花纹理和红豆色的切面是近江牛里脊肉的特色。

2

在牛肉的表面涂满盐和白胡椒粉。

注意

为了使烤肉的颜色好看，使用白胡椒粉。
如果使用牛肉重量2.5%的盐，牛肉会更有味道，但是用烤出的肉汁做出的肉酱汁就会变得很咸，所以将盐量改为牛肉重量的2%。

3

用牛油炒蔬菜丁。当蔬菜丁沾满牛油时即可。

用煎锅煎烤牛肉表面使其成形

Check

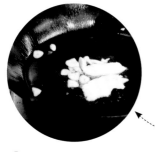

4

在煎锅中放入牛油和蒜片翻炒，放入牛肉，只煎表面。

[注意]

目的并不是上色，所以煎至表面略微变硬即可。

Check

用烤箱烤炙

5

在烤盘内铺满蔬菜丁，放上牛肉、蒜片、牛油、月桂叶。

[注意]

牛油同样是从近江牛身上取下的。为了防止将牛肉烤得太干，沾上牛油能起到防止牛肉中水分流失的作用。

6

放入预热至300℃的烤箱中。每隔4分钟便将牛肉取出，将烤盘内的汤汁浇在牛肉上，并翻转牛肉。

〔注意〕

由于使用的是300℃的高温，所以将汤汁浇在牛肉上也能起到防止将牛肉烤得过干的作用。

7

重复三四次后，用测温签插入后用嘴唇估测肉芯温度。

〔注意〕

在肉厚度不均匀的两三处都插入测温签，等待数秒后测温，这样就可以知道是否受热均匀。

在常温中静置

8

烤五六次后，肉芯温度和体温差不多或稍热一些时将肉取出，在另一个盘中静置，让肉汁渗出。

[注意]

肉的重量大约会减少10%，这是正常的。肉取出后，肉汁就会流出，所以要静置冷却。根据肉的大小，一般2kg左右的肉块需要静置15分钟以上。

Check

醤汁菜谱

肉酱汁

材料

烤牛肉时渗出的汤汁（参照本页左侧步骤8） 适量

清汤 适量

蔬菜丁调料 适量

盐 适量

做法

1. 在烤过牛肉后的烤盘中加入清汤，刮烤盘内侧使汤汁混合均匀。
2. 过滤后冷却。
3. 去除凝固的油脂，熬至原有重量的1/4。
4. 加入等量的蔬菜丁调料，再加盐调味。

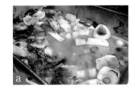

成品

9

上菜时，将肉切成七八毫米厚的薄片。露出的血管要切除。

[注意]

边切片边去除露出的血管。

10

一个盘子放1片，再放入焯好的蚕豆、荷兰豆、油菜花、豆瓣菜、辣根等。将重新温热好的肉酱汁盛入酱汁碗中一同上菜。

尾崎牛烤肉 银座
尾崎牛燒肉 銀座 ひむか

烤牛肉盖浇饭

加藤大介（主厨）
DAISUKE KATO

研究和食 20 年。担任东急广场、银座店的主厨。

"号称日本第一的用尾崎牛肉做成的、
绝妙美味的瘦牛肉盖浇饭"

　　使用的是 1 个月只出产 30 头的黑毛和牛、号称能俘获美食家芳心的宫崎县尾崎牛。肉的美味在于它的醇香，而这个味道是由水、饲料、环境等因素共同决定的，尾崎牛饮用自然泉水，食用自家合成饲料，在舒适的环境下被饲育长大。作为尾崎牛的专业烤肉店，每天中午只供应 15 份烤牛肉盖浇饭。使用的部位是牛腿肉。制作这道烤牛肉盖浇饭时，使用的是牛腿的"外腿肉"。由于是具有弹性的纤维质部位，所以越嚼越有味道。用迷迭香和盐、黑胡椒碎、尾崎牛的牛油经过一天一夜的腌制后放入蒸汽烤箱中低温烤炙，做出的烤牛肉即使被切成薄片味道也是很浓郁。食用时，可搭配甜口酱油。

烤牛肉信息

价格： 搭配牛筋汤、沙拉、泡菜共 3800 日元（含税）。只在午餐时段供应，限量15 份。
牛肉： 宫崎县尾崎牛牛腿肉
加热方法： 放入烤箱中烤
酱汁： 九州甜口酱油和醋汁

满满一碗最高级黑毛和牛肉

烤牛肉盖浇饭

材料

尾崎牛牛腿肉　1~2kg
尾崎牛牛油　适量
盐　适量
黑胡椒碎　适量
迷迭香　2 枝

成品（1 盘份）

烤牛肉　12~13 片
米饭　180g
海苔碎　适量
牛肉碎　适量
香葱（切成碎末）适量
酱油　适量
葱白丝　适量
甜口酱油　1 汤匙

腌制

1

去除尾崎牛牛腿肉的筋、脂肪后使其成形，撒上盐和黑胡椒碎，涂上一层牛油后和迷迭香一起包在保鲜膜里腌制一晚。

注意
盐的使用量要稍多些。为了使牛肉的风味更好，在肉块上涂抹一层牛油。

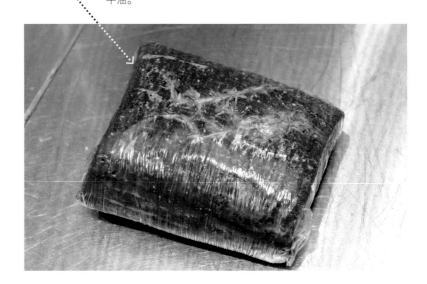

2

腌制好后，恢复常温，在烤盘上铺层烤纸，放入牛肉，放入预热至 150℃的烤箱烤 25~30 分钟。烤的时候，可以用测温计测量肉的中心温度，达到 65℃~70℃就可以取出了。

切片

3

从烤箱中取出后静置、冷却。切成 2.5mm 厚的薄片。

装盘

4

在容器里盛入 180g 米饭，撒上海苔碎和少许酱油。将牛肉片按照图示贴在碗壁。在碗的中央撒上牛肉碎，放上葱白丝，撒上葱末。浇上一汤匙甜口酱油即可。

拉罗仙路 山王店
ラ・ロシェル山王
烤牛肉 普罗旺斯的味道

川岛孝（主厨）
TAKASI KAWASHIMA

1967 年生于群马县。1989 年作为拉罗仙路（ラ·ロシェル）涩谷店的首批职员进入公司。1999 年在拉罗仙路南青山店开店时担任副厨，后去法国进修。回国后，从 2010 年起开始担任拉罗仙路（ラ·ロシェル）山王店的主厨。

"香草酱料和外脊肉
合奏出的绝伦美味"

制作这道烤牛肉时，使用的萨摩黑牛的外脊肉是 A4 级牛肉，有一部分肥肉，但是瘦肉也很多。使用独特的腌制手法腌制牛肉，再裹上带有普罗旺斯风情的面包屑。冷藏后作为凉菜，香味扑鼻。

将凤尾鱼、刺山柑、香草和橄榄油用榨汁机打磨成酱料，与明胶混合，可用在牛肉裹普罗旺斯面包屑时的黏着剂；和生奶油、黄原胶混合后，也可作为装盘时的酱汁。

普罗旺斯面包屑是将香菇、培根、红彩椒、黑橄榄、百里香、迷迭香等分别干燥后打碎，和煎好的面包屑、大蒜片一起翻炒的混合物。这种面包屑的比例占整道料理的 10% 左右，可起到提味剂的作用。也可以作为十分开胃的前菜。

烤牛肉信息

价格：依照宴会用菜单上价格

牛肉：萨摩黑牛外脊肉（A4 级别）

加热方法：煎、真空包装→后蒸汽烤箱烤

酱料：绿橄榄酱

入口即化的黄金烤牛肉

🥩 烤牛肉 普罗旺斯的味道

材料

萨摩黑牛外脊肉　1kg
腌制用盐 *　80g
橄榄油　适量
绿橄榄酱（腌制用）*　适量
明胶块　绿橄榄酱用量的 4%
面包屑　适量

腌制用盐

材料（准备量）
肉豆蔻　10g
盐　60g
白胡椒　20g

做法
将材料充分混合。

绿橄榄酱（腌制用）

材料（准备量）
绿橄榄　170g
凤尾鱼　30g
刺山柑　20g
香芹、莳萝、龙蒿、意大利
芹　共 30g

做法
用榨汁机将材料充分混合。

面包屑

材料
干香菇　2g
培根片　8g
干红彩椒　4g
干黑橄榄　8g
干百里香　1g
干迷迭香　1g
大蒜　6g
面包粉（煎炒好的）　4g

做法
1. 将干香菇、培根片、干
红彩椒、干黑橄榄、干
百里香、干迷迭香放入
80℃的烤箱里烤 2.5 小
时去除水分。
2. 将大蒜切片后用油煎。
将面包粉用煎锅翻炒。
3. 将除面包粉之外的各种
材料切碎后连同面包粉
一同放入碗中混合。

成品（4 人份）

烤牛肉　240g
绿橄榄酱　适量
盐水煮芦笋　2 根
红心萝卜海带　适量
腌制洋葱　适量
金莲花　适量

红心萝卜海带制法：将红心萝
卜切片，撒上盐后用海带卷好
放入冰箱冷藏 24 小时。
腌制洋葱：将洋葱切片，将
微波炉调至 700W 挡加热
1 分钟，再用红酒醋和橄榄油
腌制。

成形

1

萨摩黑牛外脊肉的独特之处在于瘦肉的鲜美。另外，做烤牛肉时，也可以用臀部肉和后腿内侧肉。将约 1kg 的外脊肉切成 5cm 宽的块儿，去掉脂肪和牛筋后大约是 600g。一盘料理大约需要 60g 外脊肉。一整块儿外脊肉可以做 10 盘烤肉料理。

2

将 48g 腌制用盐涂抹在整块肉上。涂抹均匀后立即放入煎锅煎。如果抹好盐后放置一会儿的话，肉质就会变柴，所以要立即煎烤。

煎

3

锅中倒入橄榄油，油烧热后将肉放入煎锅中煎。

注意

如果使用中火，肉的内部也会被慢慢煎熟，所以要用大火煎牛肉表面。

真空包装

4

将煎好的肉和绿橄榄酱放在一起用真空包装，静置 1 小时。

放入蒸汽烤箱中

5

在蒸汽烤箱中以 71℃烤 25 分钟，取出后用冰水冷却，再放入冰箱冷藏 2 天。

取出处理

6

从真空包装袋中取出肉块，用橡胶铲刮去牛肉表面的绿橄榄酱。将绿橄榄酱和明胶混合均匀，用作在下一步骤中再次涂抹牛肉的酱。为了使工序简便，要用 3 根铁扦将牛肉块穿好。

7

将明胶块用热水煮化，和真空包装袋里剩下的绿橄榄酱混合。将肉酱刷在肉块表面，整个肉块都要沾满面包屑。

8

将肉块穿好后不接触底盘地架在托盘上，放在冰箱里冷藏 30 分钟。

注意

这是为了让面包屑更紧密地裹在肉块上。

Check

9

从冰箱中取出烤牛肉切成 5~10mm 的薄片。如果切成更薄的片的话，面包屑容易脱落。最后，用红心萝卜海带、盐水煮芦笋、腌制洋葱、金莲花点缀装盘。

酱汁菜谱

绿橄榄酱（成品）

材料

绿橄榄酱（腌制用） 400g
生奶油 10mL（与200g 绿橄榄酱搭配）
黄原胶 5g（与200g 绿橄榄酱搭配）

做法

过滤步骤 7 中未和明胶混合的绿橄榄酱，再和生奶油、黄原胶充分混合（每200g 绿橄榄搭配 10mL 生奶油和 5g 黄原胶）。

赛比安餐厅
レストラン セビアン

红牛菲力烤牛肉

清水崇充（店长兼主厨）

1977 年出生于东京。在身为厨师的父亲的影响下长大，1998 年开始在三笠会馆学习了 5 年。2004 年接管父亲经营的"赛比安（セビアン）"餐厅，成为第二代掌门人。

"三次入火，
柔嫩上等的瘦牛肉，
未见其面，先闻其香"

　　红牛肉瘦肉多，肥肉少，兼具醇厚肉香、柔嫩口感和健康的品质。为了使这道烤牛肉料理能充分体现它鲜美的肉质，加热分 3 次进行。首先，将红牛肉和辣椒、迷迭香放入真空包装袋腌制，这样，肉质可以更加柔嫩。

　　第一阶段的加热是用 55℃隔水加热法加热。一段时间后，里脊肉的肉质不仅会变得柔嫩，内部也能受热。第二阶段是用煎锅煎至稍微上色。第三阶段是在上菜之前，在烤箱中再次烤。这样，肉香就能够得到充分的保留。用葡萄酒醋腌制的新洋葱清脆爽口，搭配小黄瓜和芥末打成的酱，酸酸甜甜的味道可以更好地突出里脊肉的香。

烤牛肉信息

价格： 3000 日元 /100g
牛肉： 红牛里脊肉
加热方法： 真空包装和水浴加热，煎锅加热，烤箱加热
酱汁： 小黄瓜芥末酱

腌菜和酱汁使料理更加美味

🥩 红牛菲力烤牛肉

材料

熊本红牛　740g
盐　8g
黑胡椒碎　适量
迷迭香　适量
肉豆蔻（粉状）适量
大蒜（切碎）　10 瓣

成品（1 盘份）

烤牛肉　80g
特级初榨橄榄油　适量
芥末花　适量
小黄瓜芥末酱（如下所示）适量
葡萄酒醋腌新洋葱＊　适量
粗粒盐　适量

葡萄酒醋腌新洋葱

材料（准备量）

新洋葱　1 个
"腌制用料"
水　100mL
葡萄酒醋　80mL
白砂糖　40g
胡椒粒　适量
月桂叶　1 片
红辣椒　1 根
盐　3g

做法

1. 将新洋葱切成 1cm 宽的洋葱圈。
2. 在锅中倒入腌制用料，开火煮沸后关火。
3. 将锅内腌料倒入保鲜盒内，趁腌料未凉浸入新洋葱，放置 1 天。

酱汁菜谱

小黄瓜芥末酱

材料（准备量）

小黄瓜　30g
刺山柑　30g
欧芹　适量
红酒芥末酱　20g
法式第戎芥末酱　10g
特级初榨橄榄油　适量

做法

1. 将食材用搅拌器搅拌。
2. 将搅拌好的材料倒入碗中，加入橄榄油混合均匀。

腌制

1

去除红牛牛肉的牛筋和脂肪。撒上盐和黑胡椒碎后，用绳子捆绑好进行真空包装。在冰箱内放置 1 晚腌制。

[注意]
用盐和胡椒腌制和用香草腌制是分开进行的。用盐和胡椒腌制是真空包装，为了让料香充分渗透进去。用香草腌制时则是在保鲜袋中进行。

隔水加热法加热

2

将迷迭香、大蒜切碎。将牛肉从真空包装袋里取出。将大蒜碎涂抹在牛肉上，然后均匀地撒上迷迭香和肉豆蔻粉。在冰箱内再腌制 1 晚。

3

将步骤 2 中腌制好的牛肉再次进行真空包装后放入 55℃的热水中加热 3 小时。

煎锅加热

4

将牛肉从热水中取出，去掉包袋，向煎锅内倒入特级初榨橄榄油，用大火煎烤表面。

烤箱加热

5

将牛肉切成两三厘米宽的薄片后，放入蒸汽烤箱，调至蒸汽烤箱混合模式，用 55℃加热 10 分钟。

6

在盘子上摆上葡萄酒醋腌新洋葱圈、小黄瓜芥末酱、烤牛肉，再撒上粗粒盐，点缀一些芥末花。

烤带骨熟成肉

卡尔内亚 赛诺万
カルネヤサノマンズ
CARNEYA SANOMAN'S

高山敢（高山いさ己）（董事长）
ISAMI TAKAYAMA

出生在浅草的烤肉老店，18 岁开始学习厨艺。有了东京都内饭店的工作经验后，2002 年前往意大利研修。回国后担任过"依露·帕切科内""可露乐内"餐厅的厨师，之后自行创业，2007 年在牛入神乐坂开办"卡尔内亚"餐厅，2014 年在西麻布开办"卡尔内亚·赛诺万"餐厅。

"将含有肉香的 42% 的水分 在血水不渗出的情况下用低温火烤的方式 锁进带骨熟成肉中"

所使用的"佐野万（さの萬）"干燥熟成牛肉，在熟成作用下，水分含量减少到 42%，此时肉的口感最好。水分蒸发后，肉香也更加浓郁。为了使富含肉香的肉汁留在牛肉里，并且使肉质在熟成作用下能变得更加细嫩，选用低温烤炙，牛肉在烹饪过程中形状不会变化。选择带骨牛肉也是为了在牛肉收缩后可以避免肉汁流失。从用煎锅煎烤到再用蒸汽烤箱烤炙，都尽量保持低温，这样血水不会渗出，用锡箔纸包装阶段保持肉的中心温度在 48℃～50℃。其间，要不断地将从肉块上脱落的牛油反复地浇在表面。熟成肉的精髓就在于带有坚果香味的肉香紧紧萦绕在牛肉四周。

配菜是只用盐和蔬菜调制的酱料。味道浓厚但后味儿清淡，不但不会影响熟成肉的香味，反而将肉的香味映衬得更加鲜美。

烤牛肉信息

价格： 分为 10000 日元和 13000 日元的套餐
牛肉： 国产带骨牛外脊肉和干燥的熟成肉
加热方法： 煎→蒸汽烤箱热风模式加热
酱料： 蔬菜酱汁

如丝般魅惑的肉质

烤带骨熟成肉

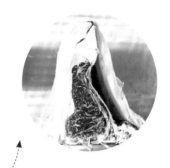

材料

烤牛肉（2~3人份）
带骨牛外脊熟成肉　1.8kg
西西里岛海盐（煎焙精盐）　适量
熟成牛油　适量
大蒜（不剥皮）　1头
八角　1个

成品（1盘份）

烤牛肉　上述全部
芝麻菜　适量
蔬菜酱汁（P43）　适量
西西里岛海盐　适量

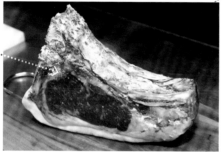

成形

1

从大块的带骨外脊熟成肉上切下 1.8kg 肉。

〔注意〕

使用不会缩水的带骨牛肉。要用专门在熟成库中经过 40 天熟成的牛肉。这样在微生物的作用下以及经过水分蒸发，可以增加肉质的美味口感，散发出熟成肉独特的肉香。本店主打的牛排料理等都是使用熟成肉将它们的魅力表现出来。

2

保留牛肉的瘦肉和露出来的骨头，表面变色的部分要用菜刀剔掉。变色部分会影响成品的味道，所以要仔细地剔干净。

3

瘦肉旁保留 1.5cm 厚的脂肪即可。侧面的脂肪也用同样的方法剔除，使骨头能露出来。

〔注意〕

瘦肉如果直接接触煎锅的话就会缩水，所以在切割时要保留 1.5cm 厚的脂肪。

撒盐

4

在煎烤时西西里岛海盐会随着脂肪融化、掉落,所以要均匀地将盐撒上去,并用手涂抹至整块牛肉。为了不使肉香随水分一起流失,撒完盐后要立刻烤。

在煎锅内浇涂牛油

5

在煎锅内放入熟成牛油,开小火融化开,先煎烤肥肉部分,然后煎烤侧面。

[注意]
目的是将熟成牛油的甜味渗入肉中。至少要用一两分钟的时间将脱落的油脂用勺子浇涂在牛肉上,使其表面镀一层保护膜。另外,由于熟成肉的水分很少,容易引起美拉德反应 [又称为 "非酶棕色化反应",是广泛存在于食品工业的一种非酶褐变,是羰基化合物 (还原糖类) 和氨基化合物 (氨基酸和蛋白质) 间的反应,经过复杂的过程最终生成棕色甚至是黑色的大分子物质类黑精或称拟黑素] 而被烤焦,所以煎牛肉时要用小火。

6

加入大蒜和八角,浇上油脂烹饪出辣味,再将入味的油脂浇在牛肉上使牛肉也入味。将牛肉倒入盘中,浇上煎锅内的油脂。

[注意]
大蒜和八角的味道恰好和熟成肉十分搭配。大蒜不剥皮进行烹饪,这样在吃的时候只有一点点味道,甚至可能都尝不出是大蒜。但这又刚好弥补了牛肉口味的单调,即使吃到最后也不会感到腻。

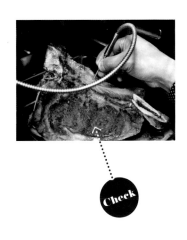

用蒸汽烤箱烤炙

7

放入蒸汽烤箱，在骨头边缘插入芯温计，开启热风模式，将温度设置为 130℃～140℃，设定中心温度为 43℃，风量为弱。

【注意】

为了不使血水渗出，所以用低温火。为了不使水分蒸发，所以设定用弱风加热。由于芯温计很难接收到热量，所以将其插在骨头的边缘。

8

当中心温度达到 30℃～33℃（大约 30 分钟后），将肉翻面，再次加热。可以将大蒜垫在肉块下。

在温暖的地方静置冷却

9

当中心温度达到 43℃时取出（合计烤约 1 小时）。再次将流出的油脂浇在牛肉上。

10

牛肉烤好的状态是用手指按压切面的时候肉质富有弹性。将肉用锡箔纸仔细地包好，稍留一点儿空隙，在大约 40℃的地方静置 30 分钟。

【注意】

在静置的过程中，肉汁会从肉块上流出，使得整体温度上升到 48℃～50℃，所以肉块依然会慢慢地吸收热量。缓缓地使温度下降，是为了使肉块能更好地静置冷却，用锡箔纸包好后留一丝缝隙进行空气流通。

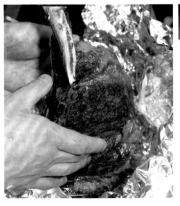

11

用手指按压肉块的时候，如果肉块能缓缓地恢复到按压前的状态，这个步骤就完成了。

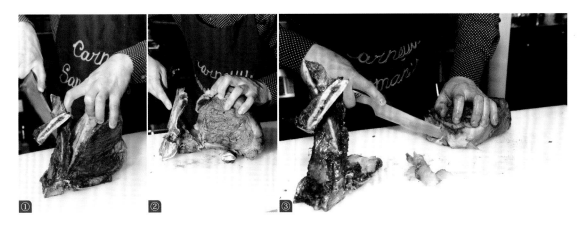

① ② ③

12

沿着牛骨在边缘处开刀，仔细地剔除，尽量不浪费（如图①、图②所示），再剔除牛筋和多余的肥肉（图③）。在烤的时候如果为了不使肉块收缩而没有剔除牛筋，在享用的时候就会因牛筋太硬而嚼不动，所以牛筋需要去除。剔除牛骨后可食用的部分占整体的 30%～40%。

Check

完成步骤

13

切下 4~6 片肉放入盘子内，再放上切下的牛骨，搭配热好的蔬菜酱汁、芝麻菜、西西里岛海盐、大蒜和八角。

[注意]

根据烤肉的水分含量调整切片的厚度。如果水分很少、肉稍干的话就将肉片切得薄一些。

由于肉本身的味道非常浓郁，所以如果搭配肉汁酱汁会有油腻的感觉。因此，只将蔬菜熬制 10 小时，做成口感浓郁但后味清淡的蔬菜酱汁来搭配享用。

---酱汁菜谱---

蔬菜酱汁

材料

洋葱、香芹、胡萝卜、大蒜、西红柿、
洋白菜　各等量
煎焙精盐　少量

做法

1. 将蔬菜切碎，在锅中倒入 40L 水后
   放入锅中煮三四个小时（图 a）。
2. 用过滤网过滤出蔬菜汁。
3. 将蔬菜汁倒入锅中，熬 8 小时使其
   浓缩到 100mL 左右，再用盐调味
   （图 b）。

a　　b

托拉托利亚 谷蓝博卡

トラットリア グランボッカ
TRATTORIA GRAN BOCCA

极致享受烤牛肉

加藤俊明（主厨）
TOSHIAKI KATO

在"意大利料理 卡普利乔莎"（カプリチョーザ）工作 6 年后，在意大利艾米利亚 - 罗马涅大区进修一年半。回国后于 2005 年进入瑟乐松公司（セレソン）担任专务董事。现在在筹备新店开业及菜品开发的工作。

"多次静置、低温烤炙，烹饪出柔嫩多汁的鲜美口感"

以"强烈视觉冲击"为主题，开发了大约 2cm 厚的烤牛肉。类似牛排的厚度和口感受到了女性顾客的欢迎。

做法的关键在于肉的选定。为了使料理的口感让食客吃不腻，选用稍有肥肉而口感清淡的美国牛肋眼肉。平日购入 12～13kg 的牛肉，周末购入 20kg 的牛肉，为了在食客较多的午餐时刻能够将肉统一烤炙，尽量选用同一重量和形状的肉块。将肉从烤箱中取出、静置冷却、再烤炙的方法也非常关键。肉汁在肉块中分布均匀，就能做出柔嫩多汁的烤牛肉料理。切成厚片的牛肉搭配味道稍浓的酱油酱汁即可食用，可根据个人喜好蘸上芥末来享用。

烤牛肉信息

价格：200g/2900 日元（含税）

* 加量 100g/1450 日元（含税）

* 数量有限。周一～周五 17:30 开始供应、周末全天供应

牛肉：美国牛肋眼肉

加热方法：烤箱

酱汁：香味酱汁

2cm 厚的豪华肉片

🥩 极致享受烤牛肉

材料

美国牛肋眼肉　2.5kg
西西里岛海盐　适量
黑胡椒碎　适量
大蒜（切碎）5~6瓣
牛油　适量
白葡萄酒　适量

成品（1盘份）

烤牛肉　约200g
肉酱汁（P55）50mL
芥末　适量
土豆泥　适量

成形、腌制

1

将肋眼肉用细绳捆绑、固定，撒上西西里岛盐，抹匀。撒上黑胡椒碎轻轻涂抹后再抹上大蒜。用保鲜膜裹好放入冰箱腌制一两天。

[注意]

由于午餐时间段非常忙碌，没有多余的时间去考虑不同的烤炙程度和静置时间，所以为了将肉一同烤好，统一了肉的重量（2.5kg）和形状（略厚并且形状整齐）。如果牛肉太瘦的话，容易将肉烤得很干，而形状规则的牛肉烤出来会更好吃。

在高温烤箱中烤炙

2

将牛肉从冰箱中取出来，在常温中放置三四个小时，在烤盘内铺上厨房用纸后放在烤盘里。

3

为了不将肉烤焦，可在烤盘内加入少量水，在肉块上放块牛油，在预热至220℃的烤箱中烤20分钟。

[注意]

烤肉的时候放的是和牛的牛油。这样，在烤的时候，融化的牛油可以覆盖肉的表面，增添浓郁的香味。烹饪时较关键的一点就是选用质地上乘的和牛牛油。

4

在牛肉烤至上色时将牛肉翻面，再放上牛油烤 10 分钟。如果
牛油还有剩余，就继续使用，如果牛油已全部融化就使用一块
牛油。

在温暖的地方静置冷却

5

牛肉两面都着色后从烤箱中取出，倒上白葡萄酒入味，在温暖的地方放置 20 分钟左右。其间，
让烤箱温度冷却到 100℃。

在低温烤箱中烤

6

将步骤 5 中的牛肉用锡箔纸完全包住后放入刚才的烤盘中，在 100℃ 下烤 30 分钟。

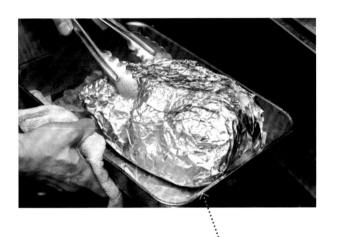

7

将肉从烤箱中取出，在常温中放置 15～20 分钟，将牛肉翻面放入烤箱继续烤 30 分钟。

[注意]

最开始烤 30 分钟是为了表面上色。包上锡箔纸烤 1 小时是为了让热量进入肉芯。其间，从烤箱中拿出来静置 15～20 分钟。这样的话，可以使肉的边缘 1cm 处都着色，肉的中心也可以得到理想状态的热量。

再次在温暖的地方静置冷却

8

从烤箱中取出，不去掉锡箔纸，在温暖的地方静置 30 分钟。

[注意]

选择静置的地方也很重要。本店的烤牛肉是切成厚片的，凉了的牛肉是不好吃的。但是如果在温度很高的地方静置的话，又会有热量进入牛肉，所以为了找到最佳的静置地点，本店燃气台成了最佳选择。

9

插入测温针，中心温度达到 55℃ ~60℃，用手指按压有弹力即算完成。

[注意]

是否完成要用测温针和用手指按压时的弹力来判断。弹力用语言不易描述，但是如果没有吸收到充分的热量，是不会感受到弹性的。

完成步骤

10

切掉烤牛肉的两端，切成宽度适中、厚约 2cm 的肉片。切下来的肉可以用来做肉酱汁。搭配土豆泥，浇上热好的肉酱汁，再摆上擦好的绿芥末。

酱汁菜谱

肉酱汁

材料

洋葱　适量
大蒜　适量
生姜　适量
苹果　适量
酱油　适量
红酒　适量
牛骨汤　适量

做法

1. 将洋葱、大蒜、生姜、苹果切成大小适中的块，用料理机打成酱。
2. 将酱倒入锅中，加入酱油、红酒、牛骨汤，小火煮 1.5 小时。
3. 将步骤 2 中煮好的汤汁过滤，放入冰箱冷藏 1 天，第二日温热使用。

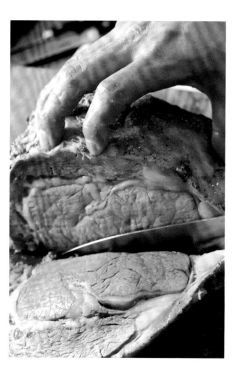

黑毛和牛烤牛肉

烤牛肉餐厅
ローストビーフの店

渡边勇树（主厨兼店长）
YUUKI WATANABE

1979 年出生于京都。在京都的西式居酒屋和大阪的酒店积累了丰富的经验。在京都的"巴黎食堂（现已停止营业）"工作了 3 年，并从此开启了法式料理之路。2013 年 7 月，开办了以烤牛肉为主菜的餐厅。

"改变铁板的温度，将肉中心温度烤至 50℃趁热享用"

　　渡边师傅在酒店工作时，发现了刚烤好的牛肉特别美味。"客人们总是会吃到凉的食物，所以我想让客人品尝到刚出炉的美味牛肉"，带着这样的理念，渡边师傅开了自己的烤牛肉餐厅。他想到了能够烤少量牛肉的器具，那就是在桌子上的电磁灶上放上铁板。将 300g 以上的肉块经过高温烤炙使表面略微变硬，盖上盖子冷却至低温并保温。如同将整块牛肉包裹后静置一样，利用余热继续使热量传至牛肉芯。中心温度达到 50℃后重新温烤表面就可以上菜了。这种独创的方法也可使肉汁聚集起来做成肉酱汁，也给顾客带来了新的体验。

　　渡边师傅说："牛排凉了的话味道也会减分，用烤的方式则可以使牛肉保持美味。"边吃前菜边等待的过程也会十分有趣。

烤牛肉信息

价格：以 5000 日元的套餐为主
牛肉：黑毛和牛的牛臀肉或牛臀尖肉
加热方法：用铁板加热
酱汁：肉酱汁

在桌上烤炙出的美味

黑毛和牛烤牛肉

材料

黑毛和牛的牛臀肉或者牛臀尖肉　300g
（两人份）
煎焙精盐和黑胡椒碎　各适量
迷迭香和百里香　各两根

成品（1盘份）

烤牛肉　上述材料的一半
小土豆　2个
大蒜　1瓣
肉酱汁（p55）适量
辣根和芥末　各适量

撒盐和黑胡椒碎

1

使用的牛肉是黑毛和牛的牛臀肉或者牛臀尖肉，恢复常温后撒上煎焙精盐和黑胡椒碎。

注意

这道料理选用的是能嚼出味道的瘦肉部位。即使是肥肉多的A3级黑毛和牛，也会因为腿部的肥肉很厚而不能使用。

将肉用大火在铁板上烤、上色

2

在餐桌旁边安装IH烹饪灶，再放上铁板，在顾客面前烤出牛肉料理。首先，调至高温，铁板温热后放上牛肉，从肥肉部位开始烤。搭配的小土豆和大蒜要提前烤，再放上迷迭香、百里香和肉一起再次加热。

注意

铁板烹饪的特点是几人份的料理也可以同时烹饪，而且刚烤好即可上菜。和牛排相比，享用整块烤牛肉所需的时间更长，所以客人大多会选择烤牛肉。

3

不时地翻转牛肉，使牛肉的每个面都能烤到。

换成小火继续加热

4

烤至上色后插入测温针，再放上加热好的迷迭香和百里香。

5

将电磁灶改低温，盖上盖后继续加热。

保温

6

中心温度达到 35℃ 后关火
保温，静置 25～30 分钟。

[注意]
这和包裹起来静置是一样的
原理。一边保温一边利用余
热加热，让肉汁不再流出。

7

中心温度达到 50℃ 后打开
盖子（如右图）。

[注意]
之后加热表面的步骤会使温
度继续上升。所以这个时候
温度达到 50℃ 的话，上菜时
肉恰好能达到最好吃的程度。

用铁板开高温加热

8

将电磁灶调至高温加热表面。

[注意]
烤的时间不要太长，动作要快。

切片

9

在顾客面前分切牛肉，将牛肉放入装有土豆和大蒜的碟子。最后淋上热的肉酱汁、切碎的辣根和芥末即可完成。

酱汁菜谱

肉酱汁

材料

黄油炒菜丁（切好的胡萝卜、芹菜、洋葱） 1把
白葡萄酒　足够在铁板上淋一圈的量
法式高汤　适量
盐　适量

做法

1. 在烤过牛肉的铁板上放蔬菜丁翻炒（图 a），再倒入白葡萄酒（图 b）。
2. 用小铲子刮铁板，将菜汁收集到铁板的洞口（图 c，图 d），在洞口下面放一个小锅（图 e）。
3. 将收集的汤汁和法式高汤按照 1：3 的比例倒入锅中后加热。上菜时加盐调味即可（图 f）。

欧扎米啤酒 丸之内店
ブラッスリーオザミ 丸の内店
BRASSERIE AUXAMIS

烤牛肉

渊上达也（主厨）
TATSUYA FUCHIGAMI

在东京都的法式餐厅"奥巴卡纳鲁"（オーバカナル）工作后，于 2006 年进入欧扎米公司。担任了"巴黎红酒食堂（パリのワイン食堂）"和"欧扎米啤酒店 空町店（ブラッスリーオザミ ソラマチ店）"的主厨后，从 2015 年 9 月至今担任丸之内店（丸の内店）的主厨。

> **"用有独特香气的蔬菜激发出牛腿肉的香味，**
> **用隔水加热法慢炖，**
> **烹饪出热量少、适合女性顾客享用的烤牛肉"**

烤牛肉料理每月只在午餐时间供应 1 次，以性价比超高的套餐形式（1080 日元）出售，每天在 13 点之前就会被抢购一空，稳占本店人气料理的宝座。由于女性顾客较多，因此使用肥肉较少的牛腿肉，并且不使用味道很浓的黑胡椒。

为了激发出口味清淡的牛腿肉的香味，在加热之前用有香气的蔬菜进行腌制是关键。将牛腿肉放入真空袋中密封，然后将真空袋直接放入热水中，慢慢地低温加热。渊上认为，隔水加热法加热的特点在于能使肉纤维变软，这样做出的牛肉既柔嫩又略有嚼劲。搭配着芥末酱、蘑菇奶油酱或者时令蔬菜酱，味道也会随之变化。

烤牛肉信息

价格：作为平日限定料理"每日不同午餐"的主菜不定期供应。前菜、主菜、面包共 1080 日元（含税）
牛肉：澳大利亚牛腿肉
加热方法：真空包装和隔水加热法→煎→烤
酱汁：芥末酱

牛肉的甜味和蔬菜淡淡的清香

烤牛肉

材料

澳大利亚牛腿肉　600g

A:

┌ 煎焙精盐　8.7g

│ 粗粒黑胡椒碎　0.6g

└ 白砂糖　5.7g

洋葱　50g（1/4 个）

胡萝卜　30g（1/4 根）

芹菜　5g

大蒜　10g

盐（腌蔬菜用）　5g

色拉油　3 汤匙

成品（1 盘份）

烤牛肉　110g

土豆脆皮烤菜（在蔬菜等中加入白沙司，撒上面包屑、奶酪粉等用烤炉烤至表面变脆）　适量

四季豆（煮）　适量

芥末酱（p61）　适量

岩盐　少量

成形、腌制

1

牛肉成形后，将 A 的混合物撒在牛肉上，用手均匀地涂抹，再用细绳捆好。实际购买的是大约 8kg 的牛肉。为了使牛肉受热均匀，分成 4 块同样大小、约 2kg 重的圆柱形。由于牛肉在撒盐后水分会流失，所以不能放置太久。

2

将洋葱、胡萝卜、芹菜、大蒜都切薄片后，加盐让水分渗出。

[注意]

这些含有蔬菜香气的汁水作为牛肉的底味儿，可以和清淡的牛肉甜味所调和，后味较浓。芹菜叶味道过浓，不宜使用。

3

在专用袋子里放入步骤 1 中的牛肉和步骤 2 中的蔬菜（连同汁水），进行真空包装。在冰箱内冷藏 2 天。图片为冷藏后的样子。

[注意]
2 天的时间可以让咸味和蔬菜味充分浸入牛肉。如果冷藏时使用保鲜袋进行包装的话，由于密封性略差，最好放置 4 天。

Check

隔水加热法低温加热

Check

4

在 60℃ 的热水中放置 15 分钟，在锅底放上隔网，使牛肉受热均匀。

[注意]
为了使牛肉在急速加热状态下不会收缩、变硬，加热时要连同水一起用低温慢火加热。对于 600g 的牛肉，当肉芯慢慢开始受热，肉质开始变得柔嫩，这时的温度和烹饪时间是最恰当的。如果使用蒸汽烤箱加热的话，连同真空包装，调至烤箱蒸汽混合模式，将温度调至 70℃、湿度调至 80%，加热 25 分钟即可。

5

加热后的肉心温度大约为 40℃。在牛肉中心插入扦子，放在嘴唇下能感到一点温度，用手指按压会慢慢复原。到这一步大约受热八成。

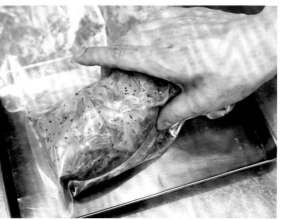

用煎锅上色

6

取出牛肉，去掉蔬菜，擦干上面的水分。在煎锅内倒入色拉油，大火加热，放入牛肉翻转、煎至上色。

注意

使用色拉油是为了不掺杂其他的味道。为了使牛肉的水分不流失，开大火迅速煎烤，使牛肉着一层诱人的棕色。

用烤箱调整火温，静置牛肉

7

连同煎锅放入烤箱，200℃加热四五分钟。

注意

最后调整温度，在烤箱内加热几分钟。根据肉质和加热方法，有可能只用煎锅上色即可，也有可能需要再多加热一些时间。

最后步骤

9

1人份为110g，大约是3片。用顶火炉（只有上火的烤炉）温热一下。在盘子上放上牛肉、土豆脆皮烤菜、四季豆，配上热芥末酱，最后撒上少许岩盐即可。

8

加热后，肉芯为玫瑰色，很容易将扦子插入，温度为50℃~55℃（用嘴唇测温的话比步骤5时稍热）。在类似燃气台这种温暖的地方放置30分钟，使肉汁不再流出。

芥末酱

材料

牛杂汤 *　适量
第戎芥末　适量
黄油面粉芡　适量
盐和胡椒粉　适量
* 牛杂汤是用牛肉切下的碎肉、牛筋和肥肉熬制的汤

a

b

c

做法

1. 加热浓缩到⅓量的牛杂汤，再放入第戎芥末混合（图a）。
2. 用盐和胡椒粉调味，最后用黄油面粉芡调和（图b，图c）。

洋食 乐我
ようしょく レヴォ
烤瘦牛肉

太田哲也（店长）
TETSUYA OHTA

1988 年出生于大阪市，是"洋食 乐我（洋食 Reve）"的第二代传人。自 19 岁开始就在本店学习厨艺，在后厨、前厅、处理肉类等方面积累了宝贵经验。2013 年 4 月从格兰富伦特（グランフロント）店开张起，开始担任该店的店长。

"烤牛肉是最能表达出肉的魅力的一道料理，
所以要精选最上乘的部位"

从 2008 年店长开拓了购入黑毛和牛的渠道开始，对于牛肉选用的严格要求就一直延续至今。

该店将烤牛肉定位为"最能直接表达出肉的魅力的料理"，不仅提供单品，还可搭配其他菜品或者以套餐形式出售。考虑到客人有"瘦肉要十分鲜美，又稍有雪花肥牛"的需求，制作这道料理时只使用 A5 级黑毛和牛。因为希望顾客直接品尝到一般不会用作烤牛肉的部位，所以准备的主要是用作牛排原料的腱子肉和里脊肉。其次，也会准备肥肉较少的烤牛肉来增添一些花样，大约是 2~5 种部位的牛肉。

烹饪方法经过用煎锅煎和用烤箱烤用锡箔纸包住的肉等多种试验后，得出了最高效的烹饪方案。将牛肉真空包装后放入凉水中，加热，水沸腾后关火，让牛肉在热水中慢慢吸收热量。由于使用的是上等的和牛肉，所以搭配和风的酱汁、盐、酱油来品尝。

烤牛肉信息

价格： 1700 日元（含税）
※ 雪花肥牛的部位根据酱料的不同分为 2000 日元、2200 日元（含税）两种。
牛肉： 黑毛和牛 A5 级
※ 图片展示部位是后腿内侧肉
加热方法： 煎锅加热→真空包装→隔水加热法加热
酱汁： 酱油蔬菜酱汁

使用了黑毛和牛 A5 级牛肉的多个部位

烤瘦牛肉

材料

黑毛和牛 A5 级后腿内侧肉　600g
黑毛和牛 A5 级牛臀尖肉　800g
牛油　适量
盐　适量

成品（1 盘份）

烤牛肉　100g
粗胡椒碎　适量
圣女果　1 串
嫩菜叶　适量
酱油蔬菜汁（用酱油和擦碎的蔬菜制成的酱
汁）　适量

成形

1

使用 A5 级的黑毛和牛。照片中左侧为后腿内侧肉，右侧为牛
臀尖肉（右图）。切除多余的脂肪和牛筋使肉块成形。

注意

肥瘦相间的肉口感才会更柔嫩更美味，因此才"拘泥"于 A5 级的
黑毛和牛。这次选用的是后腿内侧肉和牛臀尖肉，通常为了准备烤
牛肉全套菜单，会选用 2~5 个部位的牛肉。比较硬的部位，也要
将其做成烤牛肉料理。

煎锅煎烤

2

将牛油放入煎锅中，开中火，化开后煎步骤
1 中的牛肉。

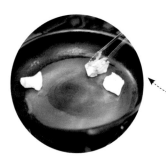

3

将牛肉块的6面全部煎一遍，这样可以将肉汁保留。煎至肉块充分上色。

[注意]
目的是煎烤表面，不使肉汁流失。如果肉块不规则、有很难煎到的部分，使用燃气喷枪将边边角角都烤至上色。

常温中静置，消除余热

4

将肉块从煎锅中取出，在表面都撒上少许盐。在常温中静置到余热散去。

[注意]
撒盐是为了激发出肉的甜味。最后的味道是由酱汁来决定的。

真空包装

5

将整块肉都放入薄膜里，再用真空包装机进行包装。

倒入凉水，开始加热

6

在深底锅里加入大量的凉水，将步骤5中的肉块浸入其中，开大火加热。水沸腾后关火静置。后腿内侧肉放置
10~11分钟；牛臀尖肉放置约18分钟。

注意

将凉水加热至沸腾，温度逐渐上升，热量也会慢慢地被牛肉充分吸收，这是关键步骤。根据肉块的部位、重量和厚度计算
出加热的时长。加热结束时可以根据肉块的弹力来判断肉块的状态。如果按压后肉块没有反弹，说明肉芯还较生，需要继
续在热水中再浸泡1~2分钟。

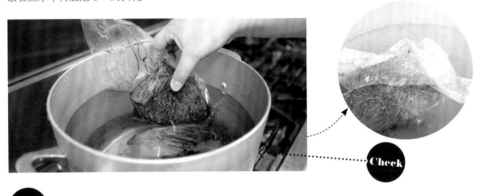

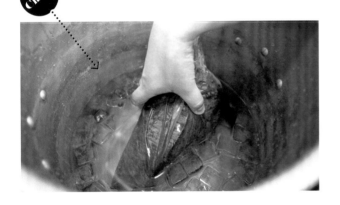

放入冰水中冷却

7

将肉块从热水中取出后在常温下放置，慢慢
吸收余热。当触摸肉块已经恢复至常温时，
放入冰水里冷却。

注意

如果将肉块从热水中取出直接在冰水中冷却的
话，肉芯会是红色，还可能会渗出血水。在常温
中静置一段时间，利用吸收余热就可以使肉芯变
成玫瑰色。

重新进行真空包装，在冰
箱中冷藏1晚

8

将包装袋打开，取出肉块，放入新的包装袋
再次进行真空包装。

注意

如左图所示，如果经过步骤6，包装袋内有水的
话，冷藏后肉质会不紧致，所以需要重新进行真
空包装。

9

将牛肉冷藏一夜。

注意

冷藏一夜后肉的肥肉部分也固定好了，味道也充
分发酵出来了。

完成步骤

10

将牛肉切成 1~2mm 厚的薄片，在盘中放入
100g。搭配上圣女果和嫩菜叶，撒上少许粗
胡椒碎。搭配酱油蔬菜汁即可。

烤牛肉组合菜单

和风牛烤牛肉

2200 日元（含税）＊照片中使用的是牛腱子肉

　　烤牛肉菜单中，有"和风烤牛肉（2200 日元）""上等烤牛肉（2000 日元）""盐
味烤牛肉（2000 日元）""红肉烤牛肉（1700 日元）"4 种（价格均为含税价）。
前 3 种烤牛肉所搭配的酱料不同，选用的肉都是上层里脊肉或者腱子肉等有雪花牛
肉的部位。而"烤瘦牛肉"使用的是后腿内侧肉、腱芯肉或者外腿内芯肉等瘦肉。
根据客人要求，也可以将不同的部位的肉进行搭配组合，各出售一半也可。但不论
怎么搭配，做法都是一样的。

酱汁

右图中左下角酱料是与"烤瘦牛肉"和"上等烤牛肉"搭配的酱油蔬菜汁，右下角
是与"盐味烤牛肉"搭配的混合四味盐。左上角和右上角是与"和风烤牛肉"搭配
的芥末和酱油，静冈县产的芥末擦碎后和甜口酱油一同食用。

科路 · 德 · 萨库
キュル・ド・サック 烤澳洲牛臀尖肉搭配肉汁酱

小滨纯一（店长兼主厨）
JUNICHI OBAMA

曾在"爱丽丝女皇（クイーンアリス）"餐厅、"昂斯·柳建"（アンスヤナギダテ）系列餐厅担任过六年半主厨。2010 年 2 月随着"科路·德·萨库(キュル・ド・サック)"的开业，担任了该店店长兼主厨。从2015 年起接管经营权。

"尽量不让牛肉受到挤压，
将整块牛肉均匀地烤成
粉嫩玫瑰色"

烤牛肉作为性价比超高的午餐收获了一大批粉丝。为了让顾客都能大饱口福，该店选择的是美味而价格实惠的澳洲牛肉，这样顾客就能品尝到瘦肉特有的香味和鲜嫩多汁。

让瘦肉多汁的秘诀就是烹饪时不让牛肉受到挤压。绳子不要捆绑得太紧，烤牛肉表面时火候也不要太大，烤至牛肉表面没有明显的被烤过的痕迹的程度就可以了。在烤箱里烤时只翻 1 次就不要再随意翻动。为了不让牛肉表面有裂痕，尽量小心烹饪，防止肉汁流失。烤完后利用余温加热，切面就可以呈现出好看的玫瑰色。搭配法式鲜汤汁为底料的浓肉酱汁一起食用。

烤牛肉信息

价格：只在午餐时间段供应。附带前菜、甜点、面包、饮料共 1000 日元（含税）
牛肉：澳大利亚牛臀肉或牛臀尖肉
加热方法：煎锅加热或用烤箱烤
酱汁：肉酱汁

浓浓的瘦肉特有的香味

🥩 烤澳洲牛臀尖肉搭配肉汁酱

材料

澳洲产牛臀肉或牛臀尖肉　约 5.5kg

腌制用料

- 盐（伯方煎焙精盐）　适量
- 带皮大蒜（片）　4 片
- 洋葱（片）　1/2 个
- 胡萝卜（片）　1/4 根
- 芹菜（小块）　1 根
- 百里香　1 根
- 迷迭香　2 根
- 欧芹茎　3 根
- 意大利芹茎　3 根
- 月桂叶　3 片
- 粗粒黑胡椒　1 撮
- 特级初榨橄榄油　适量
- 牛筋（法式鲜汤汁用）　500g
- 色拉油　适量

成品（1 盘份）

烤牛肉　130g
肉酱汁（p73）　60mL
粗粒黑胡椒　1 撮
芥末粒　适量
土豆泥　适量

成形、腌制

1

使用的牛肉是牛臀肉或者牛臀尖肉。处理好牛肉后使之成形，用细绳捆绑。抹上盐，放入蒜片、洋葱片、胡萝卜片、芹菜块、百里香、迷迭香、欧芹茎、意大利芹茎、月桂叶，倒入橄榄油，撒点儿粗粒黑胡椒，在冰箱内冷藏 1 晚进行腌制。

注意

不要将牛肉捆得太紧。否则，在烤的过程中，细绳会嵌入牛肉，牛肉表面会有裂痕，肉汁就会流失。所以在捆绑成形时要注意松紧程度。

Check

煎的时候注意时长与火候

2

在煎锅内倒入色拉油，开中火，煎烤牛肉表面。

注意

为了防止肉汁流失，要留意烤的程度。如果烤得过火，肉就会变硬。

3

将步骤 2 中的牛肉暂时取出，在锅底铺上腌制时使用的蔬菜和香草料，再放上牛筋，最后放上牛肉块。

用烤箱充分烤

4

将肉块放入预热至 140℃ 的燃气烤箱中，其间翻面 1 次，共计烤 1.5 小时，用手指按压，确认烤好的牛肉是否有弹力。

[注意]

为了不使牛肉受到挤压，所以中间只翻 1 次。插肉叉会使牛肉的肉汁流失，所以不要使用。也不要浇汁（将烤的过程中流出的肉汁或肥油浇在牛肉上），那样会使牛肉吸收多余热量。

Check

Check

在温暖的地方静置

5

将步骤 4 的牛肉放在有铁网的板上，再盖上一层黄油块的包装纸，在燃气台或其他温暖的地方静置 1 小时。过滤煎锅里剩余的肉汁，用来制作法式鲜汤汁。

[注意]

用黄油的包装纸代替锡箔纸。这样不仅环保，也可以增添一点黄油的风味，可以说是一举两得。

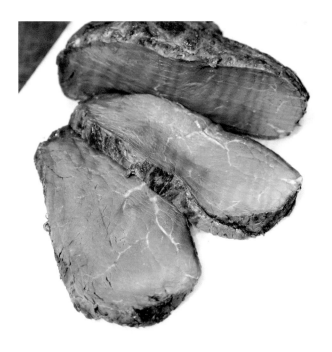

完成步骤

6

将牛肉切成 1cm 厚的肉片。多余的部分切掉后可以做炖菜。在盘子里再加土豆泥，浇上热好的肉酱汁，撒少许粗粒胡椒，放少许芥末粒酱即可。

肉酱汁

材料

法式鲜汤汁（p72 步骤 5 中收集的汤汁） 700mL
前日煮好的肉酱汁 300mL
牛筋肉 230g
大蒜（带皮／小块） 2 片
长葱（葱叶／小块） 5cm
小洋葱头（葱头部分） 2 片
迷迭香 2 根
百里香 2 根
伯方盐 1 撮
粗粒胡椒 1 撮
无盐黄油 10g
色拉油 适量
水溶玉米淀粉 适量

做法

1. 将法式鲜汤汁和前日煮好的肉酱汁倒入锅内（a），
   开火加热。

[注意]

加入前日煮好的肉酱汁（大约占 30%）可以使味道
更加浓郁。

2. 在煎锅内倒入色拉油，放入牛筋肉，撒伯方盐和
   粗粒胡椒两面翻烤（b）。

3. 加入大蒜、葱头片、葱叶、百里香和迷迭香，再
   在煎锅内的一端放一块无盐黄油（c，d）。

4. 将煎锅向前倾斜，注意不要让黄油炒焦，让香料
   的汁水流到黄油上（e）。

[注意]

制作法式焦糖黄油的要领就是在真的烧焦之前加热，
让香草料的味道都被黄油吸收。

5. 轻轻晃动锅体，让融化的黄油均匀分布在整锅内
   （f），再倒入步骤 1 的锅中混合。将混合物全部
   倒回煎锅中（g），混合后再倒回煮锅，加入水
   溶玉米淀粉，煮 5 分钟左右（h）。

6. 当汤汁呈黏稠状时关火、过滤。用铲子挤压材料
   出汁（i）。（j）是完成后的酱汁。

熏制酱油和佩德罗西梅内斯红酒酱汁烤牛肉

稗田浩之（店长）
HIROYUKI HIEDA

在日本东京·下北泽和银座工作积累经验之后，于 2004 年在三宿开办"切洛吧（Bar CIELO）"，该店在 2009 年迁移到三轩茶屋（二楼设置为该店的饮食店，三楼为该店的酒吧）。稗田浩之每年都会到哥斯达黎加、尼加拉瓜、墨西哥等地进行为期 1 个月的海外研修。

"淡淡清香的熏制酱油
使柔软牛肉的肉香
呼之欲出"

环游世界一周，品尝了各国美食之后的稗田店长确定制作烤牛肉要精选澳洲牛臀肉。购入从后腰到臀部的整块牛肉，在店内分切。牛臀尖肉肉质柔嫩，脂肪较少，口味清淡，既可以用来做牛排，也可以用来做烤牛肉料理。

1 盘份的烤牛肉有 9~10 片，"菜量这么大竟然只要 780 日元！"很多顾客都如此感叹道。为了看到更多顾客享受美味时的笑脸，该店还推出了欢乐时光（18 点~20 点）——100 日元烤牛肉料理。另外，自家特制的熏制酱油柑橘汁具有清新爽口之味，和很多料理、酒都可搭配食用。

烤牛肉信息

价格： 780 日元（含税）
牛肉： 澳洲牛臀肉
加热方法： 煎锅加热、用烤箱烤
酱汁： 熏制酱油和佩德罗西梅内斯红酒酱汁

和各种酒类都可搭配

🥩 熏制酱油和佩德罗西梅内斯红酒酱汁烤牛肉

材料

牛臀肉　400～500g
盐　适量
黑胡椒碎　适量
色拉油　适量

成品（1盘份）

烤牛肉　90g
辣根　适量
熏制酱油和佩德罗西梅内斯红酒酱汁　适量
欧芹碎　适量

成形

1

准备 5kg 的牛臀肉。分切掉牛臀尖肉部位，切除多余的脂肪。一部分用来做烤牛肉，一部分用来做牛排。

2

将处理好的牛肉，分切成 400～500g 的三条。分切后，去除硬的牛筋（牛筋可以用来和红酒一同炖）。

注意

分切后，要放置 20～30 分钟让牛肉恢复到常温。

3

等肉芯也恢复到常温后，撒上盐和黑胡椒碎。因为味道比较单调，所以盐和黑胡椒碎都要充分地涂抹。

煎烤

4

在煎锅内倒入色拉油，开大火烤牛肉表面，要一气呵成，短时间让整个表面都上色成功。

静置

6

取出、按压牛肉，通过看牛肉是否有弹力来判断烤的程度。烤好后用锡纸将肉包起来在温暖的地方静置 30~40 分钟。

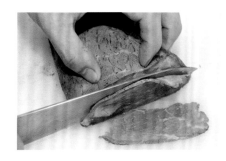

7

将肉切成 1mm 厚的薄片，在一个盘子里放上 9~10 片。再淋上熏制酱油和佩德罗西梅内斯红酒酱汁，搭配上辣根，撒上欧芹碎。

转战烤箱

5

将肉放入预热至 150℃ 的烤箱烤 20 分钟，10 分钟的时候取出翻面。

注意
烤箱温度要稍微调低，使其慢慢入火。

酱汁菜谱

熏制酱油和佩德罗西梅内斯红酒酱汁

材料（1 盘份）

酱油　20mL
料酒　5mL
甜口白葡萄酒　5mL
柠檬汁　5mL
白萝卜碎　适量

做法

1. 制作熏制酱油。将酱油在熏制器内熏 20 分钟。在铁锅内放入熏火木屑，点燃。烟冒出后，放入酱油罐，盖上盖子让熏香进入酱油内。冷却备用。
2. 将料酒和甜口白葡萄酒倒入锅内让酒精挥发。
3. 将熏制酱油、步骤 2 中的料酒和白葡萄酒、柠檬汁混合。
4. 倒入沥干水分的白萝卜碎，混合均匀即可完成。

古风法式酒吧餐厅

フレンチバール・レストラン アンティーク
FRENCH BAR RESTAURANT ANTIQUE

和牛烤牛肉粒配根芹奶油和洋葱长棍面包

大町诚（主厨）
MAKOTO OOMACHI

1980年出生于兵库县明石市。在明石市的"古老"（アンシャンテ）、神户的"九路"（ギュール）两家餐厅工作后，于2006年开始自主创业3年。2011年"古风"（アンティーク）餐厅开业后担任主厨。营业至深夜的法式餐厅在同行圈也是深受欢迎。

> **"熟成 & 低温处理后，**
> **用麦秆烟熏出香味，**
> **一道法式烤牛肉料理就新鲜出炉了。"**

　　将牛肉在15℃的酒窖内放置1天，让肉香更浓郁。再和香草一起真空包装冷藏1天。取出后在58℃的温水里低温煮透，准备工作就完成了。为了凸显这道料理的独特个性，大町师傅用麦秆熏烤牛肉表面。将金属罐改良成独家烧麦秆的机器，从农家取来麦秆，点火，浓烟冒出后放入牛肉。烧出的肉香再加上麦秆的熏香，使这道烤牛肉料理富有野趣。

　　低温加热带来的柔嫩肉质，切成口感饱满的大肉块，搭配上根芹奶油和清汤冻，较大的菜量吃到最后也不会腻，这就是该店推出的法式料理。

烤牛肉信息

价格： 2000日元（不含税）
牛肉： 和牛牛臀尖肉的芯
加热方法： 隔水加热法加热、麦秆熏烧
酱汁： 根芹奶油、清汤冻

大块的牛肉让食客满口留香

🥩 和牛烤牛肉粒配根芹奶油和洋葱长棍面包

材料（6 盘份）

和牛臀尖肉肉芯　300g

30% 比例的海藻糖配盐（1kg 的盐里含 30% 海藻糖）

月桂叶　1 根

丁香　2~33 粒

百里香　2 根

盐、黑胡椒碎　各适量

成品（1 盘份）

烤牛肉　50g

根芹奶油（p83）　3~4 汤匙

清汤冻（p83）　3 汤匙

酱肝 *　约 10g

洋葱面包棍 *　3 根

萝卜叶　适量

* 酱肝

材料（准备量）

鸭肝　1 个

以下量均为每 1kg 肝所对应的配料量

盐　13.5g

白砂糖　1g

白胡椒　2g

干邑白兰地、白葡萄酒　各 30mL

做法

1. 处理鸭肝，然后与配料一同用真空包装。
2. 在 55℃的热水中放置 15~20 分钟。
3. 将鸭肝从包装中取出，小心地去除脂肪、成形。

* 洋葱面包棍

材料（准备量）

洋葱　200g

低筋面粉　300g

发酵粉　2 茶匙

莳萝　1 撮

粗粒黑胡椒及盐　各少量

做法

1. 将洋葱用搅拌器搅拌至菜汁析出后加入低筋面粉和发酵粉一起搅拌。

2. 加入莳萝、盐、粗粒黑胡椒，混合均匀，然后放置 1 天。

3. 将面团搓捻成几个长条，放入预热至 175℃的烤箱内烤 20 分钟。

腌制

1

在和牛臀尖肉肉芯上撒上海藻糖配盐，将其放在隔网上，在酒窖内放置 24 小时。

[注意]

盐分可导致牛肉脱水，而糖分则可以给牛肉保湿，一同使用可以使肉香充分保留。因为海藻糖没有白砂糖甜，所以选用海藻糖。* 放置过程中一定要注意观察牛肉的变化。

Check

2

擦干牛肉，和月桂叶、丁香、百里香一齐放进真空包装。在冰箱内冷藏 24 小时。

[注意]

香草可加快牛肉熟成的速度。

隔水加热法加热

3

牛肉恢复常温后，在58℃的热水中放置1小时。右下方图片是牛肉加热后从包装袋中取出后的状态。

[注意]

在此步骤之后牛肉还会被再次加热，所以牛肉芯温度达到50℃即可。从放入热水中起，50分钟后查看牛肉，若温度不够时间可以稍稍延长。

为了让牛肉均匀受热达到理想温度，所以使用隔水加热法。独立分切成小包装的包装手法，不占多余空间，还可以接量少的订单。

麦秆熏烧

4

将牛肉放在隔网上，充分熏烧表面。

[注意]

由于低温水浴加热会使牛肉的口感变得单一，很容易吃腻，所以用麦秆熏烧，加入麦秆香气，这样不仅让人深刻印象还十分独特。即使是单品也能不知不觉地享用到最后。使用的道具是将罐子的底部打一个洞、可以用来烧麦秆的自制道具。最初冒出浓烟时是在进行熏肉的过程，火苗上蹿后就是真正的烤牛肉过程了（如右图）。

常温冷却

5

当肉的表面都上色后，将肉用锡纸包装后在常温下放置 10 分钟。上菜之前，放在灶台等温暖的地方备用（在备用期间，一旦牛肉变凉，要立刻放回温暖的地方）。

注意

牛肉芯达到 50℃后，经过麦秆熏烧、保温步骤后温度大约达到 58℃。若是 300g 牛肉，待肉汁不流出、加热完全结束大约需要 10 分钟。58℃是五成熟牛肉的肉芯温度。因为最终要将牛肉切成肉块，所以牛肉要至少烤至五成熟，又要有嚼劲。

切块

6

将烤牛肉切成 1.5cm 见方的肉块。

完成步骤

7

撒上盐和黑胡椒碎。

8

在容器内放上根芹奶油，用打泡器搅拌清汤冻再放在根芹奶油上。

9

放上 1.5cm 见方的酱肝丁和烤牛肉丁。撒上几片萝卜叶，配上洋葱面包棍。

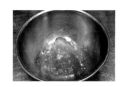

那须屋特制烤牛肉

那须高原的餐桌 那须屋
那須高原の食卓 なすの屋

石川宽伦（董事长）
HIRONORI ISHIKAWA

出生在栃木县矢板市。在从事餐饮店咨询相关工作后，2016 年 2 月在东京银座开了"那须高原的餐桌　那须屋"（那須高原の食卓　なすの屋）餐厅。

"堪称味道卓越的那须和牛牛肉，食用时需搭配 3 种酱料"

2016 年 2 月，以使用栃木县那须高原特产品为特色的餐厅开始营业。那须和牛作为黑毛和牛的一种，是评价极高的高级牛，那须和牛肉的特点在于肉质细腻、口味醇厚、肉香超群，本餐厅供应的就是最能突出其特点的烤牛肉料理。

使用内腿肉，烤至表面着色后，进行真空包装，在 65℃ ~68℃ 的热水中放置 50 分钟。为了方便咀嚼，逆着肉质纤维方向进行切割。该店同时提供 3 种搭配食用的酱汁。

酱汁分柑橘汁、芝麻核桃酱汁和特制酱油（特制酱油汁是用处理牛肉时多余的牛筋烧烤后，和酱油、料酒、酒、白砂糖翻炒再煮炖后制成）三种。在烤牛肉上撒上少许花椒粉提味即可上菜。用汤汁蒸好的米饭可以彰显烤牛肉的柔嫩，所以该店也将"烤牛肉寿司"（5 个 / 份）与烤牛肉一同供应。

烤牛肉信息

价格： 1800 日元（120g）（不含税）

牛肉： 那须和牛内腿肉

加热方法： 煎锅加热、真空包装和隔水加热法

酱汁： 酱油汁、芝麻核桃汁、柑橘汁

细腻的肉质搭配饭团也可以

那须屋特制烤牛肉

材料

那须和牛内腿肉　600~1000g
盐　适量
黑胡椒碎　适量
色拉油　适量

成品（1 盘份）

烤牛肉　120g
豆瓣菜　适量
西洋芥末　适量
酱油汁　适量
芝麻核桃汁　适量
柑橘汁　适量

腌制

1

一块内腿肉要控制在 600~1000g。剔去牛筋和脂肪后撒上盐和黑胡椒碎，在常温下放置 1 小时。去除的牛筋可以用来制作酱油汁。

烤表面

2

在煎锅内倒入色拉油，给腌制好的牛肉上色。

以隔水加热法加热

3

将内腿肉真空包装后在 65℃~68℃的热水中放置 50 分钟。

[注意]

最初从牛肉中流出的肉汁是浑浊的，当这些肉汁变得透明时，就可以将牛肉从热水中取出来了。

急速冷却

4

从热水中取出后，放入冰水里冷却 20~30 分钟，要将牛肉完全冷却下来。

切片

5

将牛肉从袋中取出后，用厨房用纸将表面的水汽吸干净。先切一半，逆着肉质纤维方向将整块肉切成 2~3mm 厚的薄片。真空包装袋里的肉汁不要再使用。

[注意]

根据烤牛肉料理订单切牛肉。

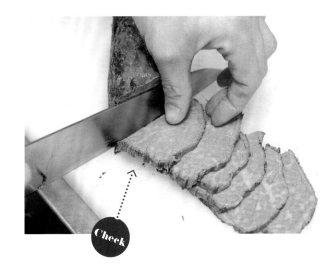

Check

酱汁

3 种酱汁

自右向左是酱油汁、芝麻核桃汁、柑橘汁。酱油汁是用处理牛肉时多余的牛筋烧烤后，和酱油、料酒、酒、白砂糖翻炒再煮炖后制成。上菜时在酱油汁内撒上少许花椒粉。特制酱油也可以搭配"那须和牛烤牛肉寿司"（右图）食用。

烤牛肉搭配菜单

那须和牛烤牛肉寿司

5 个 1200 日元

本餐厅也提供能够彰显那须和牛内腿肉细腻肉质的寿司料理。制作寿司时，使用的米饭不是白醋饭而是用汤汁蒸好的米饭，这样那须和牛的味道会更加明显。将寿司料理搭配用牛筋制作的特制酱油汁一起食用。

盖浇饭 咖啡 *36
ドンカフェ
DON CAFE *36

亚洲风味烤牛肉

大塚雄平（店长兼主厨）
YUHEI OTSUKA

曾担任"比尔伊泽露（ビュルイーゼル）"法式餐厅（当时为三星级）、德国三星主厨俄维持黑曼的"丸之内平台"餐厅、干叶的"oreaji 餐厅"厨师。2013 年在干叶·幕张本乡创办"葡萄酒酒厂伊斯特 Y（ワイン酒場 estY）"。2015 年在幕张开第二家餐厅，创办"盖浇饭 咖啡 36（DONCAFE 36）"。

"烤牛肉搭配多种食材，
各式香味齐聚一盘"

　　搭配香菜和鱼露，亚洲风味便油然而生。与烤牛肉搭配的酱汁是用西洋芥末和柠檬、酸奶油混合而成。再配上高营养价值的藜麦和有机原生油、巴旦杏等各式蔬菜，这道料理深受女性欢迎。由于烤牛肉和藜麦口感十分搭配，享用时并不会尝出藜麦的味道，反而可以更加凸显烤牛肉的香。各式香味齐聚一盘，香菜在苦橙和酸奶油的混合下也拂去了本身的味道。

　　使用的牛肉是杂交（F1 种）牛的内腿肉。脂肪不多，瘦肉也比进口牛味道纯正。用煎锅煎烤牛肉表面，然后放入预热至160℃的烤箱。烤到牛肉周边 2mm 都上色，而中心是半熟，肉芯温度达到 49℃～50℃后，用锡箔纸包住，利用余温继续加热。

烤牛肉信息

价格： 850 日元（含税）
牛肉： 国产牛内腿肉（F1种）
加热方法： 煎锅加热→烤箱
酱汁： 西洋芥末配柠檬奶油

各类蔬菜和烤牛肉

🥩 亚洲风味烤牛肉

材料

国产牛内腿肉　300g
盐　适量
黑胡椒碎　适量
色拉油　适量

成品（1 盘份）

烤牛肉　60g
西洋芥末配柠檬酸奶油酱（p91）　适量
藜麦（加盐煮后）*　30g
芝麻叶的花芽　适量
苦橙　1/4 个
香菜　4 根
罗勒叶　3 片
杏仁（炒后）5 粒
鱼露　适量
粉红胡椒　适量
有机原生油　适量

* 藜麦
藜麦要用其 3 倍重量的水加盐煮沸，待藜麦变
软后关火。

用煎锅煎烤

在牛肉表面撒上盐和黑胡椒碎。煎锅中倒入色拉油，放入牛肉
煎烤至上色。大火烤到的地方肉会变色、变薄。

成形

去除牛肉的牛筋、脂肪，使肉块成形。

转战烤箱

将表面煎烤好的牛肉放在隔网上，放入预热至 160℃ 的烤箱烤
15~20 分钟。

静置

4

当肉芯温度达到49℃～50℃后，用锡纸包住静置15～20分钟，和烤的时间大致相同。

[注意]
用锡纸大致包住即可，不要裹得过紧，要让热气散发出来。

装盘

5

在盘子上倒入煮好的藜麦，周围摆8片烤牛肉。在每片牛肉上滴两三滴鱼露。撒上香菜和罗勒叶，再撒上粉红胡椒。挤少许苦橙汁，在藜麦上再加入少许有机原生油。将西洋芥末和柠檬酸奶油酱分散地挤入盘中，再撒上少许切成大粒的杏仁，最后插入芝麻叶的花芽作装饰。

[注意]
不仅食色华贵，各种味道也和烤牛肉搭配和谐。

西洋芥末配柠檬酸奶油酱

材料

西洋芥末　5g
柠檬　1/2 个
酸奶油　100g
盐　适量
胡椒粉　适量

做法

1. 将西洋芥末擦碎，这样可削弱辣味。
2. 放入碗中，加入柠檬汁和酸奶油混合均匀。
3. 加入盐和胡椒粉调味即可。

盖浇饭 咖啡 *36
ドンカフェ
DON CAFE *36

低温烤牛肉盖浇饭

大塚雄平（店长兼主厨）
YUHEI OTSUKA

曾担任"比尔伊泽露（ビュルイーゼル）"法式餐厅（当时为三星级）、德国三星主厨俄维持黑曼的"丸之内平台"餐厅、千叶的"oreaji 餐厅"厨师。2013 年在千叶·幕张本乡创办"葡萄酒酒厂伊斯特 Y（ワイン酒場 estY）"。2015 年在幕张开第二家餐厅，创办"盖浇饭 咖啡 36（DONCAFE 36）"。

"搭配蒜味米饭的烤牛肉，
能勾起食客的食欲"

P88 介绍的"亚洲风味烤牛肉"中的烤牛肉也可以用来做烤牛肉盖浇饭。为了突出肉质纤维柔嫩的牛内腿肉的香气，用蒜味米饭代替了白米饭。另外，为了突出蒜味米饭的香醇黄油味，选用的是发酵黄油。加上大蒜和酱油，点缀上红辣椒丝和芝麻，再添加少许稍稍发酸和有香气的西洋芥末与柠檬汁即可。

这道盖浇饭即便是凉了也十分美味，不仅可以作为主食，还可以作为配葡萄酒或啤酒的小菜。

烤牛肉信息

价格： 1300 日元（含税）
牛肉： 牛内腿肉（F1 种）
加热方法： 煎锅加热→用烤箱烤
酱汁： 西洋芥末配柠檬酸奶油酱

搭配酒一同享用的烤牛肉盖浇饭

🥩 低温烤牛肉盖浇饭

材料

国产牛内腿肉　300g
盐　适量
黑胡椒碎　适量
色拉油　适量

成品（1盘份）

烤牛肉　80g
西洋芥末配柠檬酸奶油酱（做法参见本页左
下）适量
米饭（蒸好的）250g
大蒜（切丁）1/2 片
酱油　少量
日本酒　少量
发酵黄油　适量
盐　适量
黑胡椒碎　适量
青葱（切小圈）10g
葱白丝　适量
白芝麻　适量
红辣椒丝　适量
香油　适量

成形

1

将牛肉的牛筋、脂肪去除，使肉块成形。

煎锅煎

2

在牛肉表面撒上盐和黑胡椒碎，煎锅内倒入色拉油，放入牛肉煎至上色。如果开大火煎，上色的牛肉会变薄。

酱汁菜谱

西洋芥末配柠檬酸奶油酱

材料

西洋芥末　5g
柠檬　1/2 个
酸奶油　100g
盐　适量
黑胡椒碎　适量

做法

1. 将西洋芥末擦碎，这么做辣味可变淡。
2. 将擦碎的西洋芥末放入碗中，加入柠檬汁和酸奶油混合均匀。
3. 加入盐和黑胡椒碎调味即可。

转战烤箱

3

将牛肉放在隔网上，放入预热至 160℃的烤箱烤 15～20 分钟。

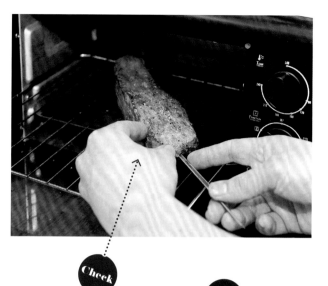

静置

4

当肉芯温度达到 49℃～50℃后将肉取出，包上锡箔纸，放置 15~20 分钟。放置的时间和烤的时间大致相同。不要用锡纸将牛肉包得太紧，要让热气可以散出去。

注意

要测量肉芯温度，确认烤的程度。

Check

Check

蒜味米饭

5

制作蒜味米饭。在煎锅中放入发酵黄油，放入大蒜丁翻炒出香味，倒入白米饭，加酱油、日本酒，最后加盐和黑胡椒碎调味。

注意

为了使蒜味米饭的味道更香醇，所以使用发酵黄油。

完成步骤

6

在盘子内盛入蒜味米饭，摆上烤好的牛肉片，放上葱白丝、白芝麻，淋上香油。再加入西洋芥末配柠檬酸奶油酱，最后放入红辣椒丝和青葱圈作点缀。

烤牛肉盖浇饭

早矢仕友也（董事长）
TOMOYA HAYASHI

在"国际餐厅""艾比克"的餐饮部工作后，开始独立经营餐饮店。"海吉雅"不仅在赤坂，在高田马场也有分店。该店同时进行餐饮店的业务委托和咨询工作。

"浓厚又润滑的酱汁，突出了瘦牛肉的香味"

　　1200日元1份的美味、实惠的烤牛肉是意大利巴尔餐厅的人气菜品。烤牛肉盖浇饭在午餐时间供应。将澳大利亚牛腿肉在煎锅内煎至上色后进行真空包装，再用隔水加热法加热。这样处理既不费力，又可以让顾客品尝到经济实惠的美味大餐。

　　将牛腿肉切成薄片后浇上滚烫的酱汁，再码在圆滚滚的白米饭周围，再次浇入酱汁。和热酱汁融合后，烤牛肉也变得温热，和白米饭搭配享用可谓是相得益彰。盖浇饭所使用的酱汁在晚间供应的小菜上也会搭配出现。以酱油为主，加入蜂蜜带出甜味，再倒入意大利香醋就制成了甜辣口味的润滑酱汁。将酱汁作为单品搭配一份生蔬菜，其口感也吸引着回头客。

烤牛肉信息

价格： 午餐时间 1000 日元（附带沙拉、饮料），午餐外卖 800 日元，晚餐时间 1200 日元

牛肉： 澳洲牛腿肉

加热方法： 煎锅加热→真空包装后用隔水加热法加热

酱汁： 酱油酱汁

柔嫩的口感深受女性顾客喜爱

烤牛肉盖浇饭　97

烤牛肉盖浇饭

材料

澳洲牛腿肉　5kg
盐　适量
胡椒粉　适量
色拉油　适量

成品（1盘份）

烤牛肉　120g
白米饭　180g
葱花　适量
擦碎的白萝卜泥　适量
酱油酱汁　适量

切除脂肪

1

将牛腿肉的牛筋、脂肪剔除。这部分可以在做咖喱料理时使用。

煎锅煎

2

在牛肉表面撒上盐和胡椒粉，向锅内倒入色拉油，煎牛肉表面。

隔水加热法加热

3

将煎好表面的牛肉进行真空包装，在70℃的热水中放置90分钟。

冰箱内冷藏

4

用隔水加热法加热后取出，待恢复常温后在冰箱内冷藏半日。

 酱汁

酱油酱汁

将洋葱丁放入锅中炒，加入酱油、焦糖蜂蜜、意大利香醋制成酱汁。虽然味道浓厚，口感却十分顺滑。酱汁微微发酸，更加可以凸显牛肉的香味。将温热好的酱汁浇在烤牛肉上搭配米饭享用，三者的味道能巧妙地融合在一起。

切片

5

从冰箱里拿出牛肉，恢复常温后将其切成厚约 1.5mm 的片，只切当日的用量即可。烤牛肉两端多余的边角肉可以用来制作麻婆豆腐。

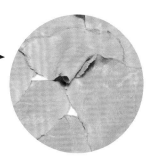

装盘

6

将热米饭盛入盘子，摆上烤牛肉，放入白萝卜泥，将葱花撒在烤牛肉周围，再浇上酱油酱汁。

注意

烤牛肉摆在米饭上之前先浇一次酱汁。烤牛肉要和热米饭搭配享用才更好吃。

Check

烤牛肉搭配菜单

自家制烤牛肉

800 日元（不含税）

该店在夜间也会供应烤牛肉单品。将烤牛肉作为小菜与啤酒、葡萄酒一起食用的顾客也有很多。使用的酱汁就是放凉后的烤牛肉盖浇饭的酱汁。

烤牛肉盖浇饭

山田盖浇饭
ドン ヤマダ
DON YAMADA

山田宏巳（主厨）
HIRO YAMADA

1953 年出生于东京浅草寺。18 岁开始接触意大利料理，1995 年开始经营"利斯特兰·费罗（リストランテ·ヒロ）"餐厅。2000 年冲绳峰会时担任意大利总理专属厨师。2009 年作为西班牙圣塞瓦斯蒂安美食节的代表之一参会。2010 年起开始独立经营隐蔽、小众的餐厅"费罗索菲银座（ヒロソフィー銀座）"。

> "添加了肉酱汁和泡沫土豆，
> 将土豆泥和奶油混合后用打泡器打出泡沫，
> 使得这道料理丰富多彩，缤彩纷呈"

虽然铁板牛排是本餐厅的招牌料理，但是用制作铁板牛排的牛肉做成的烤牛肉盖浇饭也毫不逊色。

本店从 11 点 30 分开始营业，所以 11 点时要烤好牛肉，静置 30 分钟，这样恰好可以在营业时供应新鲜出炉的烤牛肉盖浇饭。每一片牛肉都是手工切片。

制作这道料理时使用的是牛外脊肉。切片时，保留适量的脂肪。将一起烧烤的蔬菜、流下的肉汁搭配红酒炒制成肉酱汁，浇在牛肉上。装盘时在烤牛肉旁边加入泡沫土豆。法国松露植物油的加入为这道料理增添了独特风味，可蘸着食用。温热的泡沫土豆和肉酱汁的组合堪称完美。

烤牛肉信息

价格： 1500 日元（附带镰仓蔬菜意大利式汤面）（不含税）
牛肉： 美国产牛肉外脊肉
加热方法： 煎锅加热→用烤箱烤
酱汁： 肉酱汁、泡沫土豆

新鲜出炉的温度

烤牛肉盖浇饭

材料

牛外脊肉　1.3kg
盐　适量
黑胡椒碎　适量
色拉油　适量
洋葱　适量
胡萝卜　适量
芹菜茎和叶　适量
大蒜　1/2 头

成品（1 盘份）

烤牛肉　95g
米饭　150g
辣根（擦碎）　适量
鸡蛋沙拉 *　适量
葱丝　适量
豆瓣菜　适量
泡沫土豆　适量
法国松露　少量
盐　适量
肉酱汁　适量

* 鸡蛋沙拉

使用蛋黄浓厚的神奈川县伊势原市的"寿雀鸡蛋"，搭配同种鸡蛋做出的蛋黄酱、白法国松露植物油，就能做出味道醇厚的鸡蛋沙拉。

成形

1

烤前 3 小时，将牛外脊肉放置在冰箱中冷藏。取出后，将牛肉静置至恢复常温，去除脂肪部分，保留适量即可。成形后用细绳捆绑。

[注意]
保留适量脂肪在烤牛肉时可以起到缓冲作用，可以让热量渐渐传至肉芯部分。

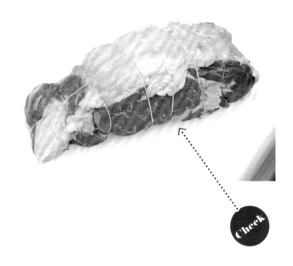

2

撒上盐和黑胡椒碎，用手涂抹均匀。

煎烤面

3

在煎锅中倒入色拉油，开大火煎表面。可以用勺子将油浇在牛肉上，确保整块牛肉表面都被煎到。

转战烤箱

4

将切成丁的洋葱、胡萝卜、芹菜茎和叶、切成片的大蒜倒入烤盘，放入烤过表面的牛肉。倒入少许色拉油。放入预热至 220℃ 的烤箱烤 8 分钟。将温度调至 180℃，其间要多次翻转牛肉。当芯温达到 53℃ 时就可以停止了。大约用时 27 分钟。

静置

5

将牛肉从烤箱中拿出后用锡纸包好，在温暖的地方静置 30 分钟。

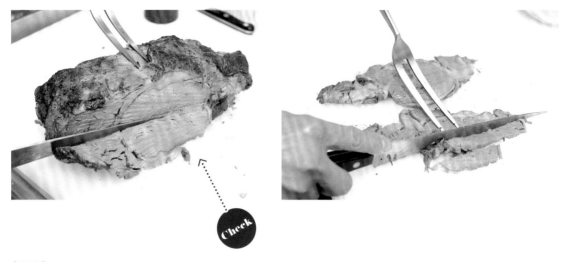

切片

6

沿着与肉纤维平行的方向将肉切片，再将每一片肉切成条（切割时，刀与纹理相交）。

[注意]

因为牛肉还很热，所以不能用机器切片，要用手切。切片时，刀与纹理相交叉，这样肉才更有嚼劲。

完成步骤

7

将蒸好的米饭用圆形勺子盛放在盘子里，然后将烤牛肉盖在米饭上，加入辣根碎、葱丝、豆瓣菜，浇上肉酱汁，撒少许盐。放入鸡蛋沙拉和泡沫土豆，在泡沫土豆上撒上擦碎的法国松露。

肉酱汁

材料

烤牛肉时一同烤的蔬菜（参照 p103 步骤 4） 适量
红酒　适量
静置烤牛肉时流出的肉汁（参照 p103 步骤 5） 适量
水　适量
胡椒粉　少量
玉米淀粉　适量

做法

1. 将烤牛肉时一同烤的蔬菜倒入炒锅内。
2. 在烤牛肉用的盘子里倒入红酒，用木铲将黏住的肉
   汁刮入锅内（a，b）。
3. 开小火翻炒，炒出香味后，过滤到小锅（c）。
4. 小火加热小锅，让汤汁变得浓稠（d）。

注意
到此步骤，如果汤汁分量不足，要将量补足到需要使用的量。

5. 加入水及玉米淀粉做成黏稠酱汁。加入静置牛肉时流出的肉汁（e），加胡椒粉调味。

注意
因为烤牛肉时蔬菜就吸取了盐分，所以不用再加盐。因为是做烤牛肉盖浇饭，酱汁要浓稠才能和米饭更好地混合，所以使用水溶玉米淀粉来收汁。

泡沫土豆酱

材料（准备量）

土豆　100g
煮土豆的汤汁　40mL
生奶油　48mL
橄榄油　10mL
白松露油　2g
盐　适量

做法

1. 将土豆去皮后用盐水煮。
2. 用搅拌器搅拌煮好的土豆、煮土豆的汤汁、生奶油、橄榄油、白松露油。
3. 用细网过滤，放入挤泡沫的容器里。将容器放入 60℃ 的热水里加热。

汤姆汤姆酒吧东向岛店
BAR TRATTORIA TOMTOM

烤牛肉意面

铃木忠晓（左）（经理）
TADAAKI SUZUKI

长岗贤司（右）（主厨）
KENJI NAGAOKA

铃木经理 1968 年出生于东京。1992 年将咖啡店翻新为意大利餐厅，现在统管"汤姆汤姆"6 家连锁店。长岗主厨 1978 年出生于埼玉县，在意大利面餐厅积累了 3 年经验后，从 2003 年开始在汤姆汤姆餐厅工作。2012 年开始担任主厨，一直推崇地道而多样的意大利料理。

"将牛肉浸入牛油里进行低温加热，留住了肉汁的同时，也浸满了牛油的香"

烤牛肉下面覆盖的竟然是意大利面！由于姐妹店供应的烤牛肉盖浇饭非常受欢迎，所以他们就想出了"任何一家店都没有的，独一无二的菜品"。考虑到午餐时间的顾客大多是女性，搭配了蔬菜的清淡沙拉风味的意大利面便应运而生。用洋葱沙拉调味汁调出主要味道，然后加上含辣根味的、奶油般的蛋黄酱调味汁丰富味道。调配味道时，也想过使用辣番茄酱，但是清淡的口味更能突出烤牛肉的香味。本店烤牛肉的做法也十分有特色。将牛肉放入融化了牛油的汤里低温加热至肉芯达到 50℃，这么做可防止牛肉的肉汁流失和使肉块浸满牛油香。这种做法和温度的设定也赋予了这道料理独特的舌尖触感和回味无穷的醇香。

烤牛肉信息

价格： 在午餐时间段供应，附带沙拉、酱汤、面包米饭、饮料中的任意 3 种，共 1400 日元（含税）。若在晚餐时间段供应，价格则调整为 1400 日元（不含税）

牛肉： 美国产肩部雪花牛肉

加热方法： 牛油汤煮→煎

酱汁： 洋葱沙拉调味汁、辣根蛋黄酱调味汁

烤牛肉和意大利面

烤牛肉意面

材料

美国产牛肩肉　700~800g
盐　12~14g
精制糖　24~27g
牛油　适量

成品（1盘份）

烤牛肉　100g
意大利面　90g
沙拉菜 *
汤姆汤姆调味汁（p110）　适量
辣根调味汁（p111）　适量
蛋黄　1个
蒜末 *　适量
帕尔玛干酪（粉状）　适量
黑胡椒碎　适量
特级初榨橄榄油　适量

沙拉菜 *

将生菜、紫叶生菜、红芽菊苣、红洋葱都切成适当大小，然后搅拌均匀。

蒜末 *

将蒜末用色拉油炸至脆香。

腌制

1

将700~800g的美国产牛肩肉表面多余的脂肪和牛筋去除。抹上盐和精制糖，用保鲜膜包好，在冰箱内冷藏1晚。

注意

本店的烤牛肉均供应冷食，如果残留脂肪的话会使口感很不清爽。为了使这道料理在凉着的时候也好吃，一定要去除多余的脂肪。同时，牛肉温热的部分咸味会变淡，所以放入牛肉总量12~14g盐来调味。并且在下面的步骤中，牛油汤也会吸收一部分盐分，所以盐要多放一些。

浸入牛油汤低温加热

2

用厨房用纸将牛肉上的水分吸干，然后把牛肉放入融化的牛油里，保持汤的温度在70℃，加热肉芯使温度达到50℃~52℃（大约20分钟）。根据肉块的形状调整芯温在50℃~52℃。牛油里也可以加入之前切除的脂肪和牛筋，量不足时加入色拉油来调整。

注意

用牛油汤类似腌渍般低温加热的目的有二：其一，防止肉汁流出；其二，将牛油的香渗入到牛肉中。为了能够提供经济实惠的烤牛肉，虽然降低了牛肉的等级，但却在味道上的创新弥补了这一点遗憾。加热后50℃~52℃的肉芯温度是经过多次失败研究后得出的结果，这个温度可以将肉香发挥到最佳，萦绕舌尖久久不散。比这个温度低的话，牛肉略生，比这个温度高，牛肉又容易变干。

3

将测温计插入牛肉最厚的部位测量芯温，达到设定温度时，立即捞出牛肉。

常温静置

4

将牛肉放在托盘上，在常温下放置二三小时，让牛肉冷却。

注意

如果立即进行下一步骤的话，热量会很容易进入牛肉中，所以到本步骤稍作停顿。待肉汁稳定，牛肉会更好吃。

煎锅煎

5

在煎锅内倒入适量步骤2里使用的牛油，开大火迅速煎烤牛肉。牛肉的上、下面煎好后，侧面也要煎到。将牛肉的每面都煎出香喷喷的脆皮。

注意

目的是上色，所以不要煎太长时间。

急速冷却，将大部分热量散去

6

上色后将牛肉放在托盘里的隔网上，然后立即放入冷冻库冷却1小时，基本上冷却后取出，用保鲜膜包好冷藏。

注意

和步骤5一样，为了不吸收多余的热量，要立即放进冷冻库散热。

完成步骤

Check

7

将烤牛肉进行五成左右的解冻，然后切成薄片。如果完全解冻的话，容易将肉切碎，这样就浪费了，所以要在半解冻状态下切肉。在营业前，将切好的牛肉用保鲜膜包好放在冷藏室做准备。

8

有了订单就开始煮意大利面。将烤牛肉片重叠着平铺在平底盘上。在燃气台上放至常温。

[注意]

用平底盘先摆好，这样装盘的时候就可以迅速完成。铺成以中心为顶点的样式，装盘时会很漂亮。另外不要留有缝隙，要完全盖住意面，这样也可以勾起食客的食欲。

9

将煮好的意面盛入盘中，撒上沙拉菜，在上面浇上汤姆汤姆调味汁。

调味汁菜谱

汤姆汤姆调味汁

材料（准备量）

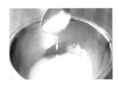

洋葱　300g

醋　450g

色拉油　1L

盐　52.5g

白胡椒　0.6g

大蒜　2片

蜂蜜　45g

做法

1. 除色拉油以外，其余材料用搅拌机搅拌。

2. 混合后再加入色拉油，边加边搅拌。

10

将平底盘倒扣在沙拉上，然后环绕着浇上辣根调味汁。

[注意]
由于汤姆汤姆调味汁是这道料理味道的主要来源，为了让味道富有变化，所以加入生奶油和蛋黄酱。

11

在最中央加入一颗蛋黄。撒上帕尔玛干酪粉和大蒜末、黑胡椒碎，滴点儿特级初榨橄榄油即可完成。

[注意]
蛋黄的加入使搅拌后更加美味。油煎大蒜末更能添一番风味。

蛋黄

帕尔玛干酪粉和大蒜末

黑胡椒

特级初榨橄榄油

调味汁菜谱

辣根调味汁

材料（准备量）

擦碎的辣根　100g
汤姆汤姆调味汁　200g
蛋黄酱　300g
生奶油　100g

做法

将所有材料用打泡器搅拌。

拳拉面
拳ラーメン

烤牛肉 蒜蓉味牛肉拌面

山内裕嬉吾（店长）
YUKIMICHI YAMAUCHI

有了京都怀石料理店、寿司店的开店经验之后，山内裕嬉吾又开了这家居酒屋。店内仅在白天供应的拉面受到好评后，山内裕嬉吾又开了拉面店。该店在 2011 年搬到现在的地址。

用有着牛肉鲜香的
特制蒜蓉烤牛肉做成的亚洲风味的拌面

"拳拉面"是一种独创的、用蒸汽烤箱烤 5 种叉烧肉的拉面，得到了美食家给予的超高评价。现在的主打料理是鹿骨和熟成牛骨熬制的汤再加上鱼头汤的酱油味拉面。最近推出的限量拉面料理是用从牛骨上流出的牛油来煎牛肉，再配上拌面。在顾客的桌上将用石锅做出的滚烫的烤牛肉浇在拉面上，就会立刻吸引店内所有食客的目光。

牛油、中等粗细的面，再淋上酱油调味汁，吃到最后也不会觉得腻。如果使用橄榄油的话，口感会稍稍逊色一些。烤牛肉是将 10kg 的牛腿肉低温放置 12 小时，再用蒸汽烤箱烤成的。因为要搭配拉面，所以稍稍有味道即可。

烤牛肉信息

价格： 限定料理
牛肉： 美国产牛腿肉
加热方法： 蒸汽烤箱的烤箱模式
酱汁： 无

将滚烫的蒜蓉味烤牛肉浇在拉面上

ⓘ 烤牛肉 蒜蓉味牛肉拌面

材料

牛腿肉 10.6kg
甜口酱油 适量

成品（1盘份）

烤牛肉 70g
面（中等粗细） 180g
酱油调味汁 30mL
葱油 10mL
粗磨胡椒 适量
辣椒 适量
香菜 适量
红葱 适量
腌制好的牛肉末 适量
牛油 40mL
大蒜瓣 适量
红椒（切成圆圈） 适量
盐 少许

Check

用蒸汽烤箱烤

1

将牛腿肉整个放入蒸汽烤箱。调至烤箱模式，插入测温计，加热到62℃。在烤的过程中，牛油和肉汁会流出来，所以表面不要撒盐和胡椒。整个烧烤过程大约需要12小时。

注意
将烤完的牛腿肉切成薄片，无须剔除牛筋。有时也将肉切开后进行烤炙，但是将肉整块烤肉汁就不会流失，所以没有将肉切开。

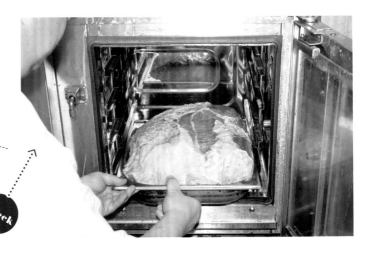

2

将牛腿肉从烤箱中取出，冷却至常温后，简单冲洗一下表面。

真空包装

3

将牛肉切成 6 等份。和鹿儿岛产的甜口酱油一起进行真空包装。在冰箱中放置一晚使其入味。

[注意]
因为烤牛肉是放在拉面上的，所以为了使牛肉不影响拉面汤的味道，只用酱油稍稍腌制入味即可。

完成步骤

4

在碗底放上酱油调味汁，葱油和刚刚出锅、控水后的拉面。再放上切好的香菜、红葱、腌制好的牛肉末，撒上粗磨胡椒和辣椒。

蒜蓉味烤牛肉

5

在石锅内放入 40mL 牛油、大蒜瓣、红椒和盐，然后加热。蒜瓣上色后，将切成薄片的烤牛肉放入，快速搅拌一下。

上菜

6

上桌后，将做好的、热腾腾的蒜蓉味烤牛肉浇在拉面上，搅拌后享用。

[注意]
如果配上哈瓦那辣椒和腌黄瓜，或者自制哈瓦那辣椒醋，那么就可以感受到口感变化的乐趣，我们推荐您尝试一下。

水果茶室 三福路路
フルーツパーラー サンフルール

烤牛肉三明治

平野泰三（店长兼主厨）
TAIZOU HIRANO

1953 年出生。在赴美国留学期间发现了水果的妙用，学习了切水果的手法。在东京都水果茶室老店工作后自立门店，在中野区开了水果茶室"三福路路（サンフルール）"餐厅。作为水果艺术家在各方面都大展身手。主办水果研究会。

"利用菠萝的发酵能力，烤炙出柔嫩牛肉"

烹饪时使用到菠萝，制作出类似水果茶室点心般的烤牛肉。用富含蛋白质分解酶的菠萝烤牛肉，里脊肉就会变得十分柔嫩，而且散发出淡淡的水果香味。用烤箱烤的时候，将牛肉和带有香味的蔬菜一起用圆生菜最外层的叶子裹起来烤，这样牛肉就会鲜嫩多汁。烤牛肉本身只用盐和胡椒调味即可。将烤牛肉时的肉汁和蔬菜一起熬制成肉酱汁，可以与烤牛肉三明治搭配享用。菠萝内的蛋白质分解酶在菠萝未成熟时含量最多，也可以用猕猴桃、无花果、芒果等代替使用。

烤牛肉信息

价格： 1500 日元（不含税）
牛肉： 里脊肉
加热方法： 煎锅煎→烤箱
酱汁： 肉酱汁

像水果茶室点心般的烤牛肉三明治

🥩 烤牛肉三明治

材料（准备量）

国产牛里脊肉　1500g

盐　适量

黑胡椒粉　适量

色拉油　适量

黄油　适量

菠萝　适量

菠萝芯　适量

圆生菜叶　适量

胡萝卜　1/2 个

芹菜的叶和茎　适量

洋葱　1/2 个

大蒜　1/2 片

成品（1 盘份）

烤牛肉　8 片（3mm 厚）

面包（切成 8 片）　4 片

黄油　适量

蛋黄酱　适量

熬制的辣椒酱　适量

圆生菜　适量

西红柿　4 片

黄瓜　8 片

洋葱　2 片

盐　适量

黑胡椒碎　适量

肉酱汁（p119）　适量

柠檬片　适量

菠萝（装饰用）　适量

成形

1

将牛肉用细绳捆好成形。为了使牛肉在煎的时候保持形状，所以不用系得太紧。在表面撒上盐和黑胡椒粉，充分涂抹均匀。

煎表面

2

在煎锅内倒入色拉油和黄油，开大火煎烤牛肉表面。侧面也要煎至上色。

Check

转战烤箱

3

在烤盘底部铺上锡纸，放上圆生菜叶，放入切块的胡萝卜、芹菜的叶和茎、洋葱、大蒜，浇上步骤 2 中煎锅里的肉汁。放入牛肉，在牛肉上铺上切片的菠萝和菠萝芯。再盖上圆生菜叶。放入预热至 220℃的烤箱，烤 20 分钟。

[注意]

用圆生菜的外叶包牛肉的话，蔬菜和水果散发出水汽使内部形成蒸烤的状态，牛肉会更柔嫩。而且，菠萝含有大量的蛋白质分解酶，也能使牛肉变嫩。

其间不时地将牛肉从菜叶中取出查看烤的程度。加热得差不多了，将牛肉翻面再恢复原位继续以 220℃ 烤 5 分钟。去掉圆生菜叶，再烤 5 分钟使牛肉表面干燥。按压牛肉正中间，如果牛肉有弹力，说明烤好了。趁热用锡纸包好，冬天就常温静置，夏天就在冰箱内冷藏，大约冷藏半日。

切片

5

去掉细绳，将牛里脊肉切成 3mm 厚的薄片。切掉多余的牛筋。

完成步骤

6

在牛肉切片上撒上盐和黑胡椒碎。

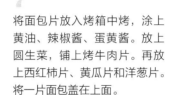

7

将面包片放入烤箱中烤，涂上黄油、辣椒酱、蛋黄酱。放上圆生菜，铺上烤牛肉片。再放上西红柿片、黄瓜片和洋葱片。将一片面包盖在上面。

肉酱汁

材料

烤牛肉时的肉汁　适量
烤牛肉时一同烤的蔬菜　适量
水　300mL
清汤料　适量
玉米淀粉　适量

做法

1. 过滤烤牛肉的肉汁。
2. 切掉蔬菜上黏住的菠萝和烤焦的部分，放入步骤 1 的小锅里，加入水烧开。
3. 再次过滤步骤 2 中的汤汁，将汁倒入小锅中加热，加入清汤料调味，再倒入少许玉米淀粉使汤汁变浓。

8

轻轻按压面包，切掉面包的边缘。将三明治切成 4 份，摆入盘中。将柠檬切片，用菠萝作装饰，与肉酱汁一同提供给顾客。

烤牛舌开放式三明治

平野泰三（店长兼主厨）
TAIZOU HIRANO

1953 年出生。在赴美国留学期间发现了水果的妙用，学习了切水果的手法。在东京都水果茶室老店工作后自立门店，在中野区开了水果茶室"三福路路（サンフルール）"餐厅。作为水果艺术家在各方面都大展身手。主办水果研究会。

"和大量蔬菜一起炖煮，没有腥味，肉质鲜嫩"

　　这道料理使用的是深受大众喜爱的牛舌。成品是颜色鲜艳、造型可爱的开放式三明治。牛舌要煮够三四个小时，这样肉质才会滑嫩，切成厚片，会使人胃口大开。牛舌本身没有什么特别的味道，靠搭配各式蔬菜或水果增加不同口味。装盘也十分华丽，可谓色香味俱全。去除牛舌外皮硬的部分，放入锅内，将月桂叶、圆生菜叶、胡萝卜皮等蔬菜盖在上面，加入大量的水开小火炖。待牛舌炖到柔嫩，取出切厚片，加盐和胡椒调味。表面涂上黄油和色拉油稍稍煎烤出香味。煮牛舌的汤也有肉香，可以在做汤或者酱汁时使用。

烤牛肉信息

价格： 根据预定的量
牛肉： 美国产牛舌
加热方法： 炖→煎锅加热
搭配调料： 黄油、盐、胡椒

口感滑嫩的开放式三明治

🥩 烤牛舌开放式三明治

材料	成品（1 盘份）
牛舌　1 根（1~1.5kg）	烤牛舌　3 片（1cm 厚）
圆生菜　适量	法棍面包　3 片
胡萝卜皮　适量	圆生菜　适量
洋葱　适量	西红柿（切丁）　适量
芹菜叶　适量	欧芹碎　适量
月桂叶　2~3 片	紫甘蓝丝　适量
黄油　适量	黄瓜丝　适量
色拉油　适量	洋葱丁　适量
盐　适量	西红柿片　适量
黑胡椒碎　适量	柠檬片　适量
	水果丁　适量
	橄榄油　适量

提前焯水

1

将带皮的牛舌用小刷子刷净，洗净。放入热水中煮，大约煮 1 分钟。待牛舌稍稍变得紧致就可以从热水中取出了。

[注意]

焯水是为了将皮去掉，在表面变色后即可捞出。

2

在牛舌表面用刀背划道，将皮去掉。将牛舌再一次放入热水中浸泡捞出，去掉不光滑的部分。

[注意]

表面不光滑的部分会非常硬，一定要去除。只要稍稍煮一下就很容易去掉。变白的薄皮部分是可以吃的，可以保留。

炖

3

在锅内倒入大量水，放入牛舌，放入蔬菜（圆生菜、胡萝卜皮、洋葱、芹菜叶），煮出香味后放入月桂叶。将蔬菜盖在牛舌上面。水沸腾后转小火炖三四个小时。水量刚好没过材料即可，水不足时添加热水补足量。

1

将竹扦插入牛舌，牛舌变软即可捞出。剩余的汤汁可以在做汤或酱汁时过滤使用。

冷却

5

炖好后将牛舌放在托盘里稍稍冷却。

切片

6

从根部开始切牛舌，1片牛舌大约重60g。牛舌厚一点儿会更好吃，所以将每片牛舌切成1cm厚。舌尖部位比较硬，所以前5cm的牛舌不要使用。如果还有硬皮，也可以去掉。

[注意]

牛舌尖较硬，由于炖后会略微变软，所以可以放入牛舌炖菜里食用。

完成步骤

7

用厨房用纸吸收牛舌表面水分。在两面都撒上盐和黑胡椒碎。在煎锅中加入色拉油和黄油，煎一下牛舌，上色后翻面。

[注意]

牛舌要完全熟透，所以中间也一定要是热的，表面一定要上色。色拉油和黄油的混合使用也为这道料理增添了风味。

装盘

8

切3片法棍面包，涂上黄油。在每片面包上分别放上蔬菜和烤牛舌。

① 圆生菜、烤牛舌、西红柿丁、欧芹碎。

② 紫甘蓝丝、烤牛舌、黄瓜丝、洋葱丝。

③ 黄瓜丝、西红柿片、烤牛舌、柠檬片。

点缀一些水果丁，滴上橄榄油即可完成。

葡萄酒酒厂伊斯特 Y

ワイン酒場 est Y
エストワイ

花园香草熏制的烤牛肉墨西哥卷饼

大塚雄平（店长兼主厨）
YUHEI OTSUKA

曾任法式餐厅"比尔伊泽露（ビュルイーゼル）"（当时为三星级）、德国三星主厨俄维持黑曼的"丸之内平台"、千叶的"oreaji 餐厅"的厨师，2013 年在千叶·幕张创办"葡萄酒酒厂伊斯特 Y（ワイン酒場）"。2015年在幕张创办第二家店"盖浇饭 咖啡 36（DONCAFE 36）"。

"腌制和熏制，做出蒜味腊肠风味"

　　选用的是纤维均匀、脂肪较少、瘦肉多的 F1 种牛内腿肉。将牛内腿肉浸入浓厚的西班牙凉汤（以黄瓜、西红柿等蔬菜为主，加入蒜、橄榄油等制成的凉汤）中进行腌制，然后再用香草熏烤出蒜味腊肠的风味。熏烤时用的是本店花园内采摘的迷迭香和月桂叶的叶子和细枝。接着，将牛腿肉放入预热至 160℃的烤箱，牛肉表面 2mm 上色而内部半熟是理想的烤后状态。用锡纸包住静置，慢慢让余热渗入。

　　用墨西哥卷饼皮卷上西红柿、生菜、香菜等，然后和葡萄酒一起享用。再加入少许酸奶油酱，挤上少许苦橙汁，就可以为这道料理增添爽口的酸味和香气。

烤牛肉信息

价格：BBQ 特别料理（平常并不供应）
牛肉：F1 种牛内腿肉
加热方法：香草熏制→烤箱加热
酱汁：西洋芥末配柠檬酸奶油酱

和葡萄酒搭配出的异域风情

🥩 花园香草熏制的烤牛肉墨西哥卷饼

材料

牛内腿肉　400g
萨尔萨汁 *　适量
苦橙果汁和皮　1/2 个
月桂叶（新鲜的）　适量
迷迭香（新鲜的）　适量

* 萨尔萨汁

材料（准备量）

青辣椒　1 根
香菜　2 枝
罗勒叶　8~10 片
大蒜　1 片
西红柿　1 个或 1.5 个
盐　适量

做法

将材料用搅拌机搅拌。加盐调出西班牙凉汤的味道。

成品（1 盘份）

烤牛肉　8 片
墨西哥卷饼的皮　2 片
西洋芥末配柠檬酸奶油酱　适量
圆生菜　适量
西红柿　4 片
香菜　适量
青辣椒碎　适量
苦橙果汁　适量
盐　适量
胡椒粉　适量
西红柿（装饰用）　适量
香菜（装饰用）　适量

* 西洋芥末配柠檬酸奶油酱

材料（准备量）

西洋芥末　5g
柠檬（取汁）　1/2 个
酸奶油　100g
盐　适量
胡椒　适量

做法

1. 将西洋芥末擦碎，这样可使辣味变淡。
2. 将西洋芥末碎放入碗中，加入柠檬汁和酸奶油混合。
3. 加入盐和胡椒调味即可。

* 墨西哥卷饼皮

材料（准备量）

低筋面粉　50g
淀粉　10g
盐　1 撮
色拉油　1 勺
水　65~70mL

做法

1. 将材料倒入碗中混合。
2. 在用特氟龙不粘锅涂料加工过的平底锅倒入面糊煎出薄饼（不放油），火力由小变大。

腌制

1

将牛肉和萨尔萨汁一同倒入袋中，挤上苦橙果汁（将苦橙皮一同放入），在冰箱内冷藏 1 天进行腌制。

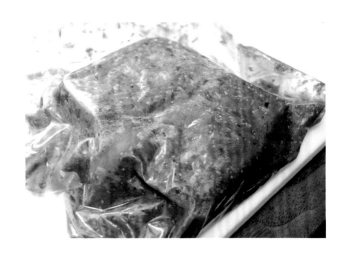

熏烤

2

将腌好的牛肉取出，放在隔网上点燃炭火。在炭火里加入月桂叶和迷迭香来熏烤。

注意

一定要充分地熏烤，让香味浸入牛肉。

转战烤箱

3

将牛肉放入预热至160℃的烤箱内烤10分钟。取出后用锡纸包住静置20分钟左右。

5

卷起卷饼，再切成两份摆放在盘子里，点缀一些西红柿和香菜即可。

完成步骤

4

在墨西哥卷饼皮上放上切好的圆生菜和西红柿、青辣椒，撒上盐和胡椒粉。涂抹一层西洋芥末配柠檬酸奶油酱，再铺上烤牛肉和香菜，在香菜上挤上一点儿苦橙果汁。

注意

挤少许苦橙果汁可以掩盖香菜本身的味道。

Az
アズー

初夏的牧场 牛肉和牡蛎

东浩司（右）（店长兼厨师长）
KOJI AZUMA
藤田祐二（左）（AZ 主厨）
YUJI FUJITA

店长东师傅 1980 年出生于大阪，是名扬大阪和东京的"避风东（ビーフン東）"餐厅的第 3 代掌门人。在"维新号 group"餐厅工作后，到"避风东（ビーフン東）"新桥店磨炼厨技。2011 年在餐厅 1 楼创办了"chi-fu"，在同一栋大楼的地下一层创办了"Az"餐厅。
主厨藤田师傅 1984 年出生于香川县。在烹饪学校毕业后赴法国进修，之后在东京"大地海尔特"餐厅、"拉·坎帕尼（ラ·カンパーニュ）"餐厅（东京·大手町）等工作过。2011 年随 Az 开业开始担任该店主厨。

"低温烹饪乳牛瘦肉，上菜方法也经过精心设计"

从无论男女老少都会十分喜爱的宴会料理出发，开发出亲自动手将烤牛肉和蔬菜用春饼卷起来这道既有趣又好吃的佳肴，以套餐料理的形式出售。制作这道料理时使用的原材料是一般被当作废用牛的荷兰种乳牛或产后牛，经过真空低温烹饪，成品柔嫩可口，作为"可持续性料理"解决食品废弃问题（食品浪费）。另一方面，使用的牛是饮用经碎牡蛎壳净化过的水来养育的，参考中国菜中牛肉和牡蛎的传统搭配，制作酱汁时使用了牡蛎，再点缀可食用的花和野菜，描绘出"初夏的牧场里在吃野草的小牛"这一画面。由于没有使用高级牛肉，所以牛肉的肉质比较硬，但是东师傅说："如果将牛肉切成薄片的话会非常好吃，而且经济实惠。"切合不同的主题变化使用蔬菜或者在春饼中加入一些蔬菜也是可以的。

烤牛肉信息

价格： 作为春季、夏季的套餐料理供应 6000 日元
牛肉： 荷兰种乳牛或产后牛的牛里脊肉
加热方法： 真空包装→蒸汽烤箱（热风模式）→煎锅加热
酱汁： 牡蛎配法式高汤酱汁

亲手卷出的赏心悦目

初夏的牧场 牛肉和牡蛎

材料

荷兰种乳牛或产后牛的里脊肉　400g

海藻糖　1撮

盐　1撮

色拉油　1大勺

腌制料

┌ 黄油　少量

│ 大蒜碎　1片

│ 小洋葱头碎　1大勺

└ 清汤 *　50mL

┌ *清汤

材料（准备量）

牛仔骨　4kg

牛腩肉　5kg

鸡架　2kg

洋葱　3个

胡萝卜　3根

芹菜　3根

西红柿　3个

大蒜　3瓣

盐　40g

调味包　少量

A:

┌ 牛瘦肉碎　3.5kg

│ 胡萝卜　2根

│ 洋葱　2个

│ 芹菜　1根

│ 韭葱　1根

│ 西红柿　2个

└ 蛋清　500g

做法

1. 在锅中放入牛仔骨、牛腩肉、鸡架，加入盐，注入刚没过材料的水，开大火煮。放入洋葱、胡萝卜、芹菜、西红柿、大蒜、韭葱，调至小火炖五六个小时。

2. 过滤出汤汁，冷却到40℃。

3. 向另一口锅内加入材料A。

4. 将步骤2的汤汁倒入步骤3的锅中，边混合边开大火加热。

5. 待步骤4中的牛肉、蔬菜浮起并且较稳定时，撇去最上层的浮沫，继续炖8个小时。

6. 在过滤网内加一张过滤纸，过滤出汤汁。

成品（1盘份）

烤牛肉　3片

春饼（北京烤鸭使用的卷饼）　1片

牡蛎配法式高汤酱（p133）　2汤匙

干燥的豆腐皮　适量

豆瓣菜花　1串

豆苗　1根

茴香　少量

可食用花瓣　适量

盐　少量

腌制

1

在恢复到常温的牛肉上撒上海藻糖和盐，再用厨房用纸包住、裹上保鲜膜，在冰箱内冷藏1晚。图片是冷藏后的状态。

[注意]

海藻糖具有抑制脂质变质、抑制蛋白质变性（蛋白质和核酸在高温、药物等作用下结构发生变化，失去生物活性）和良好的保湿效果，这样，牛肉在加热时也不会缩水。使用的牛肉是荷兰种乳牛或产后牛的里脊肉。一般被认为是不能做料理的牛，但是为了解决食品废弃问题，以"杜绝浪费"为主题烹饪出可口的牛肉料理。

真空包装、蒸汽烤箱加热

2

在煎锅内倒入黄油开中火，待黄油化开后加入大蒜和小洋葱头碎翻炒，香味溢出后倒入清汤关火。图片是制作完成时的状态。

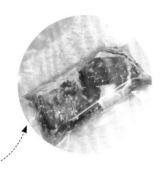

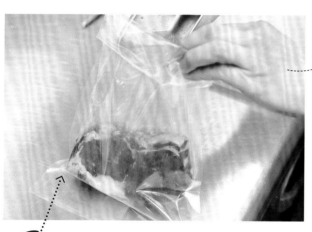

3

将步骤1和步骤2的食材放入保鲜袋，用真空包装机包装起来。

注意

将腌制酱和牛肉一起进行真空包装，牛肉可以充分吸收腌制酱料的味道，而且即使牛肉渗出水分，也可以混入酱料增添肉香，酱料的作用也能得到充分发挥。

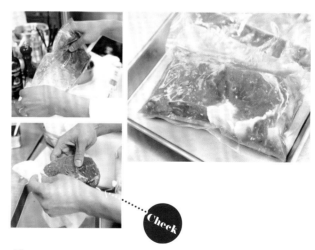

4

将包装后的牛肉放入蒸汽烤箱，开启烤箱模式，温度设置为60℃，湿度设置为0%，加热40分钟。

注意

为了让牛肉变软又不失去香味，加热40分钟使芯温达到40℃是最理想的。这样的话，本来400g的牛肉是需要加热到58℃的，但考虑到有保鲜袋和酱汁，所以将加热温度设定到60℃。

5

图片是牛肉加热后的状态。从蒸汽烤箱中取出后，过滤掉酱汁，将牛肉表面的大蒜和洋葱擦掉。

注意

腌制酱可以用来做酱汁。牛肉表面黏附的大蒜、洋葱在接下来的煎烤过程中会烤焦，所以要去除干净。

煎锅加热

6

在煎锅内倒入色拉油，开中火，煎牛肉。将牛肉的每一面都煎至上色。

注意

煎牛肉时表面会产生美拉德反应，香味成分会渗入烤牛肉里。

完成步骤

7

将烤牛肉切成厚度为两三毫米的薄片。

注意

从牛肉的一端开始切，切面变成晶莹的玫瑰色时就算烤成功了。

8

将春饼铺在盘子上，放上牡蛎配法式高汤酱。酱汁的量根据订单量准备即可。

9

将干燥的豆腐皮在 180℃的油锅中炸一下,炸到焦黄色即可出锅。放入牡蛎和法式清汤酱汁,放入烤牛肉,点缀上豆瓣菜花、豆苗、茴香、可食用花瓣,撒少许盐即可。

注意

因为顾客要自己动手卷,所以要将食材摆放在左侧,方便食用。

— 酱汁菜谱

牡蛎配法式高汤酱

材料

马德拉酒(是马德拉群岛出产的葡萄牙加强葡萄酒) 100mL

牡蛎 1 个

小洋葱碎 1 撮

法式高汤 * 2 大勺

烤牛肉使用的腌制酱 全部

* 法式高汤

材料

牛仔骨 3kg

牛腩肉 5kg

胡萝卜 3 根

洋葱 3 个

芹菜 3 根

大蒜 3 瓣

西红柿 3 个

西红柿酱 200g

调味包 适量

法式高汤做法

1. 将牛仔骨和牛腩肉在预热至 200℃的烤箱内烤出香味。

2. 将胡萝卜、洋葱、芹菜、大蒜切成 3cm 见方的丁,在煎锅里开中火翻炒。

3. 将步骤 1 和步骤 2 的食材放入深底锅内,放入西红柿和西红柿酱、调味包,加入足量的水用小火煮八九个小时。

4. 将熬出的酱汁过滤后冷藏保存。

牡蛎酱做法

1. 去掉牡蛎壳,将小洋葱切碎。

2. 在小锅内倒入马德拉酒、小洋葱碎、牡蛎,开大火让酒精挥发(a)。

3. 煮沸后调至中火,让汤汁变浓(b)。

4. 关火加入法式高汤,再开中火(c),当高汤逐渐变浓后,用搅拌棒将牡蛎压成糊状(d)。将汤汁煮至黏稠状(e)。(f)是汤汁煮好后的状态。

5. 将烤牛肉使用的腌料煮沸灭菌,和步骤 4 充分混合即可完成(g)。

烤牛肉蘸酱

"雷桑思（レサンス）" 店长兼主厨 渡边健善

冷 = 冷食烤牛肉、烤牛肉三明治、烤牛肉沙拉的搭配酱汁

温 = 热食烤牛肉、烤牛肉盖浇饭搭配的酱汁

冷 温 = 冷食、热食都可搭配的酱汁

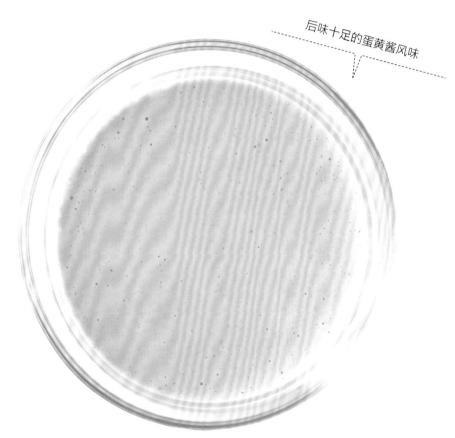

后味十足的蛋黄酱风味

冷 辣粉酱

材料（准备量）

蛋黄　1个	大蒜（切碎）　1片
黄芥末　20g	洋葱丁　15g
白醋　30mL	凤尾鱼（切丁）　2条
纯净橄榄油　20mL	番茄酱　1汤匙
鸡汤　30mL	柠檬汁　少许
藏红花　少量	盐　少许
煮鸡蛋（切碎）　2个	卡宴辣椒粉　少许

做法

1. 在鸡汤中加入藏红花，煮沸后冷却。
2. 将蛋黄、黄芥末、白醋、煮鸡蛋碎充分混合。
3. 在步骤2中加入纯净橄榄油，边加边用打泡器混合。
4. 将步骤1和步骤3的食材混合。
5. 加入大蒜碎、洋葱丁、凤尾鱼丁和番茄酱。
6. 加入柠檬汁、盐和卡宴辣椒粉（磨成粉状的红辣椒干香辛料，辣味非常浓烈，原产地为卡宴）调味即可。

凉凉酱

材料（准备量）

黄瓜（切碎） 50g
生奶油（35%） 50mL
薄荷叶 3片
柠檬汁 少量
盐 少量
胡椒粉 少量

做法

1. 将生奶油、切碎的黄瓜和薄荷叶混合。
2. 加入柠檬汁、盐和胡椒粉调味即可。

清爽的沙拉风味

醇厚香味

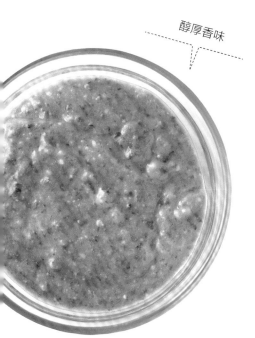

 ## 橄榄酱

材料（准备量）

金枪鱼罐头 100g
煮鸡蛋 1个
黑橄榄 130g
凤尾鱼（去骨） 2条
特级初榨橄榄油 60mL

做法

1. 将金枪鱼罐头的油倒掉后，将煮鸡蛋、金枪鱼肉、黑橄榄、凤尾鱼肉放入榨汁机里。
2. 倒入特级初榨橄榄油搅拌均匀即可。

海藻和西式泡菜的组合

法式酸辣调味酱

材料（准备量）

洋葱（切碎） 60g
白醋 60mL
特级初榨橄榄油 90mL
色拉油 90mL
刺山柑（切碎） 30g
龙蒿（切碎） 2片
欧芹（切碎） 少量
西式泡菜（切碎） 少量
海藻碎 少量
盐 适量

做法

1. 将洋葱碎表面撒适量盐搅拌后过水。
2. 将白醋、特级初榨橄榄油、色拉油混合。
3. 将洋葱碎、刺山柑、龙蒿碎、欧芹碎、西式泡菜和步骤2的食材混合后加入海藻碎即可。

温 可可酱

材料（准备量）

可可粉　10g
芳香醋　30mL
红酒　80mL
蜂蜜　20g
法式高汤　150mL
黄油　少量
盐　少量
胡椒粉　少量

做法

1. 在锅内倒入部分黄油，化开后翻炒可可粉。
2. 加入芳香醋和红酒、蜂蜜，煮沸。
3. 煮至汤汁浓稠后加入法式高汤。
4. 关火，冷却至常温后加入变软的剩余黄油让其一点点化开。
5. 加入盐和胡椒粉调味。

浓厚的经典风味

新鲜的西红柿风味

冷 温 昂蒂布酱汁

材料（准备量）

西红柿（酱）　200g
白葡萄酒　100mL
红酒醋　25mL
特级初榨橄榄油　25mL
罗勒叶（切碎）　1 片
欧芹（切碎）　少量
盐　少量
胡椒粉　少量
圣女果（切成 4 瓣）　2 个
黑橄榄（切片）　2~3 粒

做法

1. 去掉西红柿的子，压碎、过滤出果酱。
2. 向锅内倒入白葡萄酒，当酒精蒸发至原来的一半时，加入步骤 1 的西红柿酱。倒入红酒醋。
3. 冷却后加入特级初榨橄榄油混合。撒上罗勒叶碎和欧芹碎。
4. 加盐和胡椒粉调味。在放入圣女果和黑橄榄即可。

淡淡的甜咸风味

冷 温 古冈左拉芝士酱

（意大利北部的伦巴第为原产地。味道辛辣，带有蘑菇的味道）

材料（准备量）

牛奶　50mL
生奶油　70mL
古冈左拉芝士　40g

做法

1. 向锅内倒入牛奶、生奶油，煮沸后关火。
2. 加入古冈左拉芝士至其化开。
3. 关火，冷却后打出泡沫（可以用打泡器打出泡沫）。

冷 温 **辣豆酱**

材料（准备量）

鹰嘴豆（水煮）　100g
四季豆（水煮）　适量
猪肉馅（切碎）　100g
洋葱（切碎）　1/2 个
大蒜（切碎）　2 片
去皮西红柿　300g
月桂叶　1 片
辣椒粉　少量
牛至叶　少量
欧蒔萝　少量
鸡汤　120mL
盐　少量
黑胡椒碎　少量

做法

1. 翻炒猪肉馅、洋葱碎和大蒜碎。
2. 加入西红柿、月桂叶、辣椒粉和牛至叶、欧蒔萝煮沸。
3. 加入鹰嘴豆、四季豆、鸡汤煮沸，加入盐和黑胡椒碎调味即可。

可以吃到豆子的酱

爽口的酸和刺激的辣

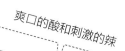

冷 **牛油果沙拉酱**

材料（准备量）

牛油果　250g
柠檬汁　55g
鸡汤　200g
智利辣椒　10g

做法

1. 将所有食材用搅拌机搅拌。
2. 冷冻后取出、打成颗粒状。

法国巴斯克风味

冷 温 **巴斯克酱**

材料（准备量）

去皮西红柿　200g
洋葱（切碎）　80g
红辣椒（切碎）　70g
黄辣椒（切碎）　70g
大蒜（切碎）　2 片
盐　少量
黑胡椒碎　少量

做法

1. 将去皮西红柿过滤出汁。
2. 翻炒洋葱，加入红、黄辣椒碎翻炒，倒入大蒜碎翻炒。
3. 加入西红柿汁煮沸。
4. 加入盐和黑胡椒碎调味即可。

冷 温 罗宋汤酱汁

材料（准备量）

甜菜　150g
洋葱（切片）　50g
土豆（切片）　50g
鸡汤料　150mL
番茄罐头（过滤后）　100g
酸奶油　少量
橄榄油　少量
盐　少量
黑胡椒碎　少量

做法

1. 将甜菜用锡纸包好、烤熟后去皮。
2. 用橄榄油翻炒洋葱和土豆，加入鸡汤料和番茄罐头煮5分钟，然后加入步骤1的烤甜菜继续煮一段时间，用过滤网过滤。
3. 加入盐和黑胡椒碎调味，搭配上酸奶油即可完成。

凝缩了甜菜的香甜

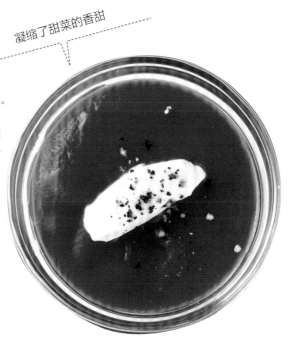

搭配出新口感的牡蛎风味

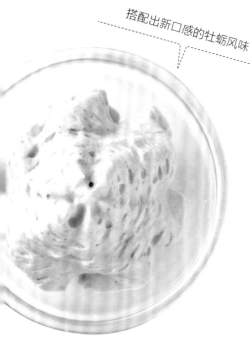

冷 牡蛎酱

材料（准备量）

牡蛎　100g
白葡萄酒　适量
洋葱（切碎）　1/2个
生奶油　150mL
橄榄油　适量

做法

1. 用白葡萄酒煮牡蛎，剩余汤汁留下备用。
2. 用橄榄油轻轻翻炒洋葱丁，不用炒至上色。
3. 将煮后的牡蛎和汤汁加入到步骤2的锅中，再次煮沸。
4. 加入生奶油混合后，关火。
5. 用搅拌器搅拌后过滤。
6. 再打发成泡沫状即可。

冷 温 美式樱桃酱

材料（准备量）

美式樱桃　200g
红葡萄酒醋　50mL
波特酒（也钵酒或者波尔图酒，是葡萄牙的加强葡萄酒，通常是甜的红葡萄酒，经常作为甜点酒）　200ml
丁香　3个
八角茴香　1个
白砂糖　30g
琼脂胶　4g

做法

1. 将美式樱桃去核、对切成两半。
2. 在锅内放入红葡萄酒醋、波特酒、丁香、八角茴香、白砂糖，开火煮沸后关火。
3. 泡入美式樱桃腌渍一晚。
4. 腌制后的汁经过过滤再倒入锅内开火，加入琼脂胶融化后汤汁可变浓。
5. 放入腌好的美式樱桃即可。

淡淡的酸甜搭配微微的辣

鹅肝酱

入口即化的冷冻酱

材料（准备量）

鹅肝　1kg
盐　8g
白砂糖　6g
白胡椒　2g
波特酒　适量
生奶油　适量

做法

1. 在鹅肝上倒入波特酒，撒上盐、
   白胡椒、白砂糖后腌半日。
2. 将腌好的鹅肝放入耐热器皿中，
   放入预热至100℃的烤箱加热
   25~30分钟，打碎后用细网过滤。
3. 加入和鹅肝泥等量的生奶油混合，
   冷冻后打碎即可。

搭配了肉汁魅力十足的酱

 绿色辣酱

材料（准备量）

欧芹　200g
面包粉　30g
特级初榨橄榄油　50mL
蛋黄　1个
凤尾鱼（去骨）　2条
白醋　80mL
白葡萄酒　100mL
大蒜　1片
盐　适量
胡椒　适量

做法

1. 将白葡萄酒煮沸至酒精挥发。
2. 将所有材料和白葡萄酒倒入榨
   汁机榨出汁。

"雷桑思"店长兼主厨
渡边健善
TAKEYOSHI WATANABE

1963年出生于神奈川县。18岁开始步入料理
界。在日本国内学习后，1989年赴法国研修。
曾在"安菲克勒斯（アンフィクレス）"（巴黎
二星级）、"米希尔特（ミッシェルトラマ）"（波
尔多三星级）、"杰克马克西曼（ジャックマキ
シマン）"（尼斯二星级）、"杰尔丹桑思（ジャ
ルダン·德·桑斯）"（蒙彼利埃三星级）、"杰
克西波娃（ジャックシボワ）"（戛纳二星级）
等餐厅工作过。1998年在神奈川县横滨市青
叶区开办"雷桑思"餐厅。

Az（アズー）

地址：大阪府大阪市西天满 4-4-8-B1F
电话：06-6940-0617
营业时间：17:30—22:00
休息日：周日

白天作为"避风东"餐厅供应台式糯米粽和米粉，晚上作为中华烤牛肉餐厅"Az"供应中华料理和法式料理。单点为主，也供应套餐（4000 元起），作为饭后可选择的第 2 家餐厅或聚会餐厅都是不错的选择。

→ P128

古风法式酒吧餐厅（FRENCH BAR RESTAURANT ANTIQUE）

地址：兵库县神户市中央区中山手通 1-2-6
飞鸟大楼 1F
电话：078-33-2585
营业时间：18:00—次日 4:00
休息日：周一（节假日的第二天）

坐立于神户市繁华街道的深处，是一家法式酒吧餐厅。只点 1 杯酒或 1 道菜也可，也供应套餐。2 楼的单间可以用来聚会。套餐 4000 日元起，小菜 380 日元起。

→ P78

葡萄酒酒厂伊斯特 Y（ワイン酒場 est Y）

地址：千叶县千叶市花见川区幕张本乡 2 丁目
8-9
电话：043-301-2127
营业时间：15:00—24:00
休息日：不定期

大家可以在此欢畅饮酒。每月在此钓鱼的话，钓到的鱼用来请客，还可以开办 bbq。签订供货契约的农舍直接送来的时蔬也能做成本店的人气料理。

→ P124

欧扎米啤酒 丸之内店（BRASSERIE AUXAMIS）

地址：东京都千代田区丸之内 3-3-1 新东京大厦 1 楼
电话：03-6212-1566
营业时间：11:30—24:00（周日・节假日：11:00—23:00）（点单截止于 21:30）
休息日：无休
http : //auxamis.com/brasserie

在丸之内的商业大街里，再现巴黎街角啤酒店的身影。法国顾客也十分喜欢这里地道的法国菜还有琳琅满目的葡萄酒。一整天都有顾客光临。经济实惠的每日午餐也非常有人气。

→ P56

卡尔内亚 赛诺万（CARNEYA SANOMAN'S）

地址：东京都港区西麻布 3-17-25 KHK 西麻布大厦
电话：03-6447-4829
营业时间：11:30—15:00（点单截止于 14:00）*
周一白天不营业
18:30—23:00（点单截止于 21:30）
周六 11:30—15:00（点单截止于 14:00）
17:30—22:30（点单截止于 21:00）
休息日：周日、周一白天
http : //carneya-sanomans.com

熟成肉的先驱·肉食加工公司"赛诺万"和"卡尔内亚"的高山师傅携手创办，在爱好肉食者中间受到了广泛好评。高山师傅独创的"意大利牛肉料理"根据肉的个性运用精巧的技术进行烹饪。

→ P38

科路・德・萨库（キュル・ド・サック）

地址：东京都中央区日本桥石町 4-4-16
电话：03-6214-3630
营业时间：11:30—14:00（点单截止于13:30）
17:30—23:30（点单截止于22:00）
休息日：周六日、节假日

"以大口吃肉大口喝酒"为理念吸引了附近的办公室职员们。在这里可以享受轻松的气氛和精选的食材。晚餐套餐售价 2484 日元起（含税）。

→ P68

馋嘴山中（くいしんぼー山中）

地址：京都府京都市西京区御陵沟浦町 26-26
电话：075-392-3745
营业时间：11:30—14:00（点单截止于13:30）
17:00—21:00（点单截止于20:30）
休息日：周二、每月第 3 个周一（节假日照常营业）

于 1976 年创业的牛排店。"只提供自然本味"是本店的座右铭，使用没有生产过的近江牛，鱼也是精选后的鱼，40年来未曾改变。午餐 1800 日元起，牛排套餐 8000 日元起。

→ P18

托拉托利亚 谷蓝博卡（TRATTORIA GRAN BOCCA）

地址：东京都千代田区富士见 2-10-2 饭田桥樱花阳台 2F
电话：03-6272-9670
营业时间：11:30—14:30（周六日和节假日营业至 15:00）
17:30—22:30
休息日：无休

2014 年 10 月开业。坚持使用 A5 级和牛制作牛排料理，上等又足量的牛肉料理吸引了一大批粉丝顾客。是"意大利牛肉"的人气餐厅。从阳台上还可以眺望樱花也为本店增添了不少雅趣。

→ P44

拳拉面（拳ラーメン）

地址：京都府京都市下京区朱雀正会町 1-16
电话：075-651-3608
营业时间：11:30—14:00　18:00—22:00
休息日：周三（限定拉面只在中午营业时出售）

鱼头和丹波黑第鸡的双味盐拉面是本店的招牌拉面，2011 年迁移到此地。2015 年开始鹿骨和熟成牛骨鱼头酱油拉面成为主推拉面。即使是限量拉面也较受欢迎。

→ P112

水果茶室 三福路路（フルーツパーラー サンフルール）

地址：东京都中野区鹭宫 3-1-16
电话：03-3337-0351
营业时间：9:30—18:00
休息日：不定期

平野泰三师傅作为水果雕刻师、水果研究会的代表是本餐厅的掌门人。

→ P116

赛比安餐厅（レストラン セビアン）

地址：东京都丰岛区长崎 5-16-8 和平大厦 1 楼
电话：03-3950-3792
营业时间：11:30—15:00（点单截止于 14:00）
18:00—23:00（点单截止于 21:00）
休息日：周一（节假日照常营业，次日休息）
http：//restaurant-cestbien.com

作为历经父子两代烹饪法式料理和传统洋食的餐厅，不仅被本地为人称赞，慕名而来的客人也有很多。

→ P34

切洛吧（Bar CIELO）

地址：东京都世田谷区太子堂 4-5-23-2F 3F
电话：03-3413-7729
营业时间：2F 18:00—次日 3:00　3F20:00—次日 5:00
休息日：不定期
http://bar-cielo.com/

2 楼是意大利酒吧。3 楼是正宗的酒吧，有 300 种以上的威士忌和当季的新鲜鸡尾酒，还有比较罕见的利口酒（混合酒之一，在酒精或白兰地中加入白糖、植物香料等混合）。

→ P74

汤姆汤姆酒吧东向岛店（BAR TRATTORIA TOMTOM）

地址：东京都墨田区东向岛 5-3-7 2F
电话：03-3610-0430
营业时间：11:00—15:30　17:30—24:00（点单截止于 23:00）
周六日 · 节假日 11:00—24:00（午餐点单截止于 14:30　晚餐点单截止于 23:00）
休息日：周三
http://r-tomtom.com

是以墨田区为中心，拥有 6 家意大利餐厅和面包店的"关口"公司旗下的总店。从 2014 年开始，从主营套餐转变为以单品料理和柴火烤炙的披萨为招牌。自创业以来已经有 50 年的历史，在当地深受欢迎。

→P106

盖浇饭 咖啡 *36（DON CAFE *36）

地址：千叶县千叶市花见川区幕张町 5-447-8
电话：043-216-2009
营业时间：9:00—19:00
休息日：不定期

泰式炒饭、糯米鸡、蔬菜盖浇饭、沙丁鱼盖浇饭等个性盖浇饭一应俱全的小店。手擀意大利面也是该店一大特色。很多盖浇饭都可以外带。在千叶市的幕张本乡 2 丁目有自家姐妹店"葡萄酒酒厂伊斯特 Y"。

→ P92

山田盖浇饭（DON YAMADA）

地址：神奈川县镰仓市雪之下 1-9-29　香格里拉鹤冈 1F
电话：0467-22-7917
营业时间：11:00—19:00
休息日：周二

本店是意大利料理巨匠——山田宏巳师傅于 2016 年 1 月开张的牛排盖浇饭和烤牛肉盖浇饭餐厅。附带的含有满满蔬菜的意大利汤面是本店的特色。另外还出售山田师傅用日光天然冰制作的刨冰。

→P100

那须高原的餐桌 那须屋（那须高原の食卓 なすの屋）

地址：东京都中央区银座 2-7-18　Ginza-2 4F
电话：03-6263-0613
营业时间：11:00—14:00　17:00—22:00
休息日：根据 Ginza-2 大厦休息日拟定

使用那须高原特产的蔬菜、那须和牛等自然的食材做出美味可口的料理是本餐厅坚守的理念。该店于 2016 年 2 月开张。

→ P84

尾崎牛烤肉 银座（尾崎牛焼肉 银座 ひむか）

地址：东京都中央区银座 5-2-1 东急 plaza 银座 11 楼
电话：03-6264-5255
营业时间：11:00—23:00（点单截止于 22:30）
休息日：不定期（根据东急 plaza 银座大厦休息日拟定）

使用经过长期肥育每月只生产 30 头的尾崎牛，新鲜熟成后连肥肉也美味的上乘牛肉。午餐牛肉饭 2500 日元起。晚餐有单品，也有 8000 日元起的套餐。

→ P24

意大利巴尔 海吉雅赤坂店（イタリアン
バル HYGEIA)

地址：东京都港区赤坂 3-12-3 世纪住宅酒店
1F
电话：03-6277-6931
营业时间：11:30—14:30　17:00—23:30
休息日：周六日·节假日

这是一家氛围轻松的意大利餐厅。午餐
有牛舌咖喱和烤牛肉盖浇饭自助，也可
外带。晚上主营啤酒、葡萄酒和小菜。
在高田马场有自家姐妹店。在每月月底
的时候会开办吉他、小提琴、长笛演奏
的"满月现场"，也是受到广泛好评。

→ P96

拉罗仙路 山王店（ラ・ロシェル山王）

地址：东京都千代田区永田町 2-10-3　东急
capital Tower 1F
电话：03-3500-1031
营业时间：11:30—15:00（点单截止于 14:00）
17:30—23:00（点单截止于 21:30）
休息日：周一和每月第一个周二
http://la-rochelle.co.jp

这是称之为法式料理铁人的坂井宏行师
傅的店。坐落在酒店中，供应可以将幸
福化为回忆的至高美味和最周到的服务。

→ P28

洋食 乐我（洋食 Revo）

地址：大阪府大阪市北区大深町 4-20　格兰富
伦特大阪南馆 7F
电话：06-6359-3729
营业时间：11:00—15:00　17:00—23:00
休息日：根据格兰富伦特大厦休息日拟定

迎来开业第 20 个年头的人气料理餐厅。
大约 10 年前，店长接触到了黑毛和牛
后就坚持购入，现在还开了精肉店和肉
食家常菜店。利用价低量大的效益模式
将上乘的牛肉毫无剩余的以实惠的价格
出售出去。

→ P62

雷桑思（レサンス）

地址：神奈川县横滨市青叶区新石川 2-13-18
电话：045-903-0800
营业时间：午餐 11:00—14:30　下午茶时间
14:30—16:30　晚餐 17:30—21:00
休息日：周一
http：//les-sens.com

该店的装修风格类似法式三星级餐厅，
菜品的味道也可和法式三星级餐厅料理
相媲美，在该店就餐确实是一种享受。
使用产地直送的食材做出新鲜的料理。

→P134

烤牛肉餐厅（ローストビーフの店 ワタ
ナベ）

地址：京都府京都市中京区油小路御池下式阿
弥町 137 三洋御池 大厦 1F
电话：075-211-8885
营业时间：12:00—14:00　18:00—22:00
休息日：周一 周二（不定期）

前菜＋烤牛肉＋咖啡＋甜点的套餐售
价 5000 日元。可选的前菜中甚至有小
牛胸腺、各种肉食拼盘这样主菜级别的
料理。烤牛肉每人份 150g。一杯葡萄
酒 600 日元起。2 人以上就餐需预约。

→ P50

图书在版编目（CIP）数据

牛肉诱惑：日本名店人气烤牛肉秘笈 / 日本旭屋出版主
编；赵宇译. —北京：中国轻工业出版社，2018.11
ISBN 978-7-5184-2087-2

Ⅰ . ① 牛… Ⅱ . ① 日… ② 赵… Ⅲ . ① 牛肉 – 菜谱 –
日本　Ⅳ . ① TS972.125.1

中国版本图书馆 CIP 数据核字（2018）第 203194 号

责任编辑：卢　晶　　责任终审：劳国强　　整体设计：锋尚设计
策划编辑：高惠京　　责任校对：李　靖　　责任监印：张京华

出版发行：中国轻工业出版社（北京东长安街6号，邮编：100740）
印　　刷：北京博海升彩色印刷有限公司
经　　销：各地新华书店
版　　次：2018年11月第1版第1次印刷
开　　本：787×1092　1/16　印张：9
字　　数：200 千字
书　　号：ISBN 978-7-5184-2087-2　定价：68.00元
邮购电话：010-65241695
发行电话：010-85119835　传真：85113293
网　　址：http://www.chlip.com.cn
Email：club@chlip.com.cn
如发现图书残缺请与我社邮购联系调换
171434S1X101ZYW